BEI GRIN MACHT SICH IHR WISSEN BEZAHLT

- Wir veröffentlichen Ihre Hausarbeit,
  Bachelor- und Masterarbeit

- Ihr eigenes eBook und Buch -
  weltweit in allen wichtigen Shops

- Verdienen Sie an jedem Verkauf

Jetzt bei www.GRIN.com hochladen und kostenlos publizieren

Julia Engelhardt

Förderung des entdeckenden Lernens durch den Einsatz dynamischer Geometrie-Software

Am Beispiel des Themas "Umkreis von Dreiecken"

GRIN Verlag

Bibliografische Information der Deutschen Nationalbibliothek:

Die Deutsche Bibliothek verzeichnet diese Publikation in der Deutschen National-
bibliografie; detaillierte bibliografische Daten sind im Internet über http://dnb.d-
nb.de/ abrufbar.

Dieses Werk sowie alle darin enthaltenen einzelnen Beiträge und Abbildungen
sind urheberrechtlich geschützt. Jede Verwertung, die nicht ausdrücklich vom
Urheberrechtsschutz zugelassen ist, bedarf der vorherigen Zustimmung des Verla-
ges. Das gilt insbesondere für Vervielfältigungen, Bearbeitungen, Übersetzungen,
Mikroverfilmungen, Auswertungen durch Datenbanken und für die Einspeicherung
und Verarbeitung in elektronische Systeme. Alle Rechte, auch die des auszugsweisen
Nachdrucks, der fotomechanischen Wiedergabe (einschließlich Mikrokopie) sowie
der Auswertung durch Datenbanken oder ähnliche Einrichtungen, vorbehalten.

Impressum:

Copyright © 2010 GRIN Verlag GmbH
Druck und Bindung: Books on Demand GmbH, Norderstedt Germany
ISBN: 978-3-656-82261-5

Dieses Buch bei GRIN:

http://www.grin.com/de/e-book/279386/foerderung-des-entdeckenden-lernens-
durch-den-einsatz-dynamischer-geometrie-software

GRIN - Your knowledge has value

Der GRIN Verlag publiziert seit 1998 wissenschaftliche Arbeiten von Studenten, Hochschullehrern und anderen Akademikern als eBook und gedrucktes Buch. Die Verlagswebsite www.grin.com ist die ideale Plattform zur Veröffentlichung von Hausarbeiten, Abschlussarbeiten, wissenschaftlichen Aufsätzen, Dissertationen und Fachbüchern.

Besuchen Sie uns im Internet:

http://www.grin.com/

http://www.facebook.com/grincom

http://www.twitter.com/grin_com

Universität Potsdam

Julia Engelhardt

Institut für Mathematik

Lehrstuhl für Didaktik der Mathematik

Bachelorarbeit

über das Thema

Förderung des entdeckenden Lernens durch den Einsatz dynamischer Geometrie-Software am Beispiel des Themas „Umkreis von Dreiecken"

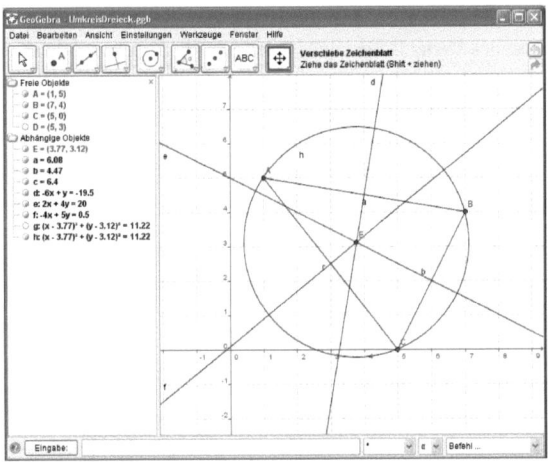

Inhaltsverzeichnis

1. Einleitung

Bereits Konfuzius sagte einst: „Sage es mir, und ich vergesse es; Zeige es mir, und ich erinnere mich; Lass es mich tun, und ich verstehe es." Dieses Zitat sollte der Leitfaden eines jeden Lehrers für seine Unterrichtsgestaltung sein. Tatsächlich ist weiterhin die geläufigste Unterrichtsmethode das fragend-entwickelnde Unterrichtsgespräch. Anhand geschickt gestellter Fragen des Lehrers vollzieht der Schüler den Unterrichtsstoff lediglich nach, und es mangelt an einem aktiven selbständigen Wissenserwerbsprozess des Lerners, durch den oftmals eine Nachhaltigkeit der Lernergebnisse erzielt werden könnte. Aus diesem Grund fordern Didaktiker einen Mathematikunterricht, in dem entdeckendes Lernen gefördert wird.

In einem Seminar zum Computereinsatz im Mathematikunterricht entsprang die Idee zum Thema der vorliegenden Arbeit, diesem Anspruch unter Verwendung einer dynamischen Geometrie-Software[1] nachzukommen. Obwohl der Einsatz elektronischer Medien im Unterricht seit langem eine Forderung vieler Bundesländer ist und dieser teilweise im brandenburgischen Rahmenlehrplan[2] integriert ist, stellt seine Durchsetzung oftmals noch eine Seltenheit dar. Um diesem in einem ersten Schritt zu entgegnen, möchte ich in einer dieser Arbeit zugrundeliegenden Untersuchung eigene Erfahrungen bezüglich der neuen Unterrichtsmethode sammeln.

Das Hauptziel dieser Arbeit besteht darin herauszufinden, inwieweit das entdeckende Lernen durch den Einsatz einer dynamischen Geometrie-Software am Beispiel des Themas „Umkreis von Dreiecken" gefördert werden kann. Beginnend mit einer theoretischen Einführung zu den Begriffen des entdeckenden Lernens und dynamischer Geometrie-Softwares werden die entscheidenden Grundlagen im ersten Teil dieser Arbeit gelegt. Daran schließt sich der praktische Teil an, in dem neben den Rahmenbedingungen die Grundintention und Ziele des zu behandelnden Themas der Geometrie betrachtet und die nachfolgende Konkretisierung der Studiendurchführung und das Untersuchungsinteresse anhand von zentralen Fragestellungen erörtert werden. In der Analyse der Unterrichtsstunden und der anschließenden kritischen Betrachtung wird die Konzentration auf dem entdeckenden Lernen mittels der dynamischen Geometrie-Software liegen. In der Reflexion und Legitimation wird zu den zentralen Fragestellungen abschließend Stellung genommen. Es folgen Vor- und Nachteile des Einsatzes einer DGS, die sich zum Teil aus der Untersuchung ergaben.

---

[1] Im Folgenden wird die Bezeichnung in der Regel mit DGS abgekürzt.
[2] Im Folgenden wird dieser als RLP abgekürzt.

2. Theoretische Grundlagen

2.1. Entdeckendes Lernen

Zu der pädagogisch-didaktischen Methode des entdeckenden Lernens existiert in der Literatur keine allgemein akzeptierte Definition. Diese Sachlage erklärt Winter (1991: 1) damit, dass sich der Pädagoge selbst in dem zu definierenden System befindet und dieses wahrscheinlich verändert, sobald er einen Versuch einer Definition wagt. Unter entdeckendem Lernen fasst Bruner, der den Begriff geprägt hat, generell „die selbstlernende Erschließung eines Wissensgebietes"[3] mit Hilfe des eigenen Verstandes. Aus diesem Grund ergeben sich methodische Veränderungen, bei denen die Schülerinnen und Schüler[4] im Unterrichtsgeschehen in das Zentrum rücken. Dadurch verlagert sich die aktive Tätigkeit der Lehrperson auf die des Schülers, und somit steht das entdeckende Lernen im Gegensatz zum Lernen durch Belehrung. Winters Hauptthese beschreibt diese Auffassung sehr gut:

„Das Lernen von Mathematik ist umso wirkungsvoller [...], je mehr es im Sinne eigener aktiver Erfahrungen betrieben wird, je mehr der Fortschritt im Wissen, Können und Urteilen des Lernenden auf selbständigen entdeckerischen Unternehmungen beruht." (Winter, 1991:1).

Entscheidend ist demnach die lernpsychologische Idee, dass die Aneignung von Wissen und bestimmter Fähigkeiten zum Problemlösen[5] nicht durch Mitteilung anderer Personen, sondern durch selbständiges und aktives Handeln geschieht. Im Entdeckungsprozess kann der Lerner auf bereits erworbenes Wissen zurückgreifen, um sich neues anzueignen (vgl. Winter, 1991: 2).

Zur Förderung von Kreativität und Entdeckungsprozessen schlägt Winter (1991: 175) unter anderem folgende Anregungen aus der psychologischen Literatur vor: das Bereitstellen von Möglichkeiten zum freien Experimentieren und die Ermunterung zum Vermuten, Probieren und Erkunden sowie eine genügend weite Haltung von Lern- und Entdeckungshilfen als auch Hilfen zum Selbstfinden eines Lösungsweges. Mittels solcher Maßnahmen, wie stützende Hilfen seitens der Lehrperson und das Sichern von Teilerfolgen im Plenum, wird das entdeckende Lernen in gewissem Maße eingegrenzt, sodass die Lernmethode von den Wissenschaftlern häufig zu Recht als gelenktes entdeckendes Lernen beschrieben wird. Die Lenkung der Lehrperson kann einen unterschiedlichen Grad annehmen. Offensichtlich ist jedoch, dass

---

[3] vgl. http://www.hyperlernen.de/gui/KonstLT/seite133.html (letzter Zugriff: 01.02.2010)
[4] Zur besseren Lesbarkeit werden im Folgenden beide Geschlechter in der männlichen Form zusammengefasst.
[5] Problemlösen bezeichnet die Phase, in der die Schüler beim Bearbeiten einer Aufgabe zum aktiven Handeln angeregt werden, weil sie zum Lösen des Problems kein bekanntes Lösungsverfahren anwenden können, sondern selbst einen Lösungsweg entwickeln müssen (vgl. Bruder, 1992: 6; RLP, 2008: 13).

das Ausmaß der Lenkungsmaßnahmen gering zu halten ist und die Selbständigkeitsdimension des Schülers sehr deutlich erkennbar sein muss, um nah an einem entdeckenden Lernprozess des Schülers zu bleiben. Durch diese Ausführungen ist evident, dass das Entdecken im Unterricht keinen vollkommen autonomen Lernprozess darstellt (vgl. Wilde, 1984: 8f.). Einen wesentlichen Grund für das entdeckende Lernen erklärt Freudenthal (1973: 114) in der oftmaligen Nachhaltigkeit der Lernergebnisse: „Nacherfundene Kenntnisse und Fähigkeiten werden besser und schärfer eingeprägt als solche, die weniger aktiv erworben wurden."

2.1.1. Forderung an die Aufgabenstellungen

Die bedeutende didaktische Aufgabe in der Praxis ist, dass der Lehrende durch eine geeignete Wahl und Formulierung der Aufgabenstellungen ein Lernen durch Entdecken schafft, sodass der Schüler zu eigenaktivem Denken und Handeln aufgefordert wird. In einem Kriterienkatalog zu Aufgaben für das Erkunden, Entdecken und Erfinden liefern Büchter und Leuders (2005: 118f.) Merkmale von Aufgaben, die sich für das entdeckende Lernen eignen[6]:

- *Zugänglichkeit:* leicht zugängliche Aufgabe, die in einer anschaulichen Situation verpackt ist
- *Offenheit des Wegs:* verschiedene Ansätze sind möglich
- *Barriere:* keine Anwendung bereits erlernter Verfahren möglich, eine Vorgehensweise muss selbst entwickelt werden

Neben diesen Kriterien gibt es noch weitere wie die *Offenheit des Ergebnisses* oder die *Variation*, die besonders zur Qualität von Aufgaben zum entdeckenden Lernen beitragen. Diese treten in der vorliegenden Arbeit allerdings nicht auf, da eine Verwendung solcher Aufgabentypen bestimmten Bedingungen unterliegt, welche Erfahrungen im Umgang mit diesen oder die Selbständigkeit der Lerngruppe sind. Erfahrungsgemäß wird die Zugänglichkeit zu Aufgaben für Schüler durch eine Einkleidung und Realitätsbezogenheit begünstigt, sodass diese zum Entdecken und Erkunden positiv beitragen.

2.1.2. Kreativitätsmodelle des entdeckenden Lernens

Entdeckendes Lernen beinhaltet in der Mathematik immer auch Kreativität als Prozess, um ein Problem zu lösen. Im Folgenden soll kurz ein Modell des Mathematikers Jacques

---

[6] Hierbei handelt es sich nur um eine Auswahl, die bezüglich der gestellten Aufgaben im praktischen Teil getroffen wurde. Laut der Autoren reicht bereits ein Merkmal, um entdeckendes Lernen vollziehen zu können.

Hadamard vorgestellt werden, bei dem es um Findungs- und Entdeckungsprozesse geht, welche in vier Phasen unterteilt sind:

(1) Präparation (Vorbereitung)

(2) Inkubation (Ausbrütung)

(3) Illumination (Erleuchtung, Inspiration)

(4) Verifikation (Überprüfung)

In der ersten Phase, der Präparation, geschehen bewusste Prozesse des Lerners, in denen er sich mit der Aufgabenstellung und dem damit verbundenen Problem auseinandersetzt. Es wird erkannt, dass das Problem nicht mit einem routinierten Verfahren gelöst werden kann. Aus diesem Grund folgen die nächsten beiden Stufen, die wissenschaftlich besonders schwer zu untersuchen sind. In der Inkubationsphase, die unter anderem sehr lang sein kann, werden die Prozesse ins Unterbewusstsein verlagert und dort verschiedene Ideen kombiniert, verglichen und bereits bewertet. Aus diesen Prozessen entspringt in der kurzen Illuminationsphase eine Idee, die intuitiv sein kann und in das Bewusstsein gelangt. In dem letzten kreativen Problemlöseprozess kommt es zur Überprüfung der Lösungsidee (vgl. Winter, 1991: 170ff.; Weth, 1997: 81f.).

Ähnlich dem Konzept Hadamards hat Weth ein Kreativitätsmodell entwickelt, welches sich dem Mathematikunterricht anpasst. Ihm ist es wichtig, dass nicht nur richtige Lösungen eines Problems als kreativ anerkannt werden, sondern „eine Idee [...] auch dann als kreativ bezeichnet [wird], wenn sie für den Schüler subjektiv neuartig ist und im Rahmen des Unterrichtsstoffs als sinnvoll gelten kann." (Weth, 1997: 82). Sein Modell gliedert sich ebenfalls in vier Phasen:

- Experimentelle Phase
- Entdeckende Phase
- Entwickelnde Phase
- Erarbeitende Phase

In der ersten Phase wird der Schüler motiviert, ein mathematisches Problem zunächst durch Probieren und Vermuten experimentell zu untersuchen. Um effektiv experimentieren zu können, sind einige Werkzeuge wie der Zugmodus, auf den in Kapitel 2.2.1. eingegangen wird, unverzichtbar. Im Anschluss folgt die Stufe des Entdeckens, in der sich für den Lerner subjektiv neue Zusammenhänge herausbilden, die im Prozess des Experimentierens entstanden sind. Dieser Augenblick entspricht der Hadamard'schen Illumination. In der Entwicklungsphase soll das neuartige Phänomen beschrieben und verbalisiert werden, welches durch eine Konstruktionsvorschrift oder Beschreibung der Beobachtungen geschehen kann. In der abschlie-ßenden Phase werden die gemachten Entdeckungen geprüft und begründet. Dieses Modell unterscheidet sich von dem von Hadamard darin, dass hierbei die mathematischen Prozesse und nicht ausschließlich die inhaltlichen Ziele im Vordergrund stehen (vgl. Weth, 1997: 82f.).

2.2. Dynamische Geometrie-Softwares

Die dynamischen Geometrie-Softwares sind Geometrieprogramme, welche hauptsächlich für den schulischen Gebrauch im Geometrieunterricht zugeschnitten sind und mit deren Hilfe Konstruktionen der euklidischen Geometrie erzeugt werden können. Mit einer vielfältigen Auswahl an Werkzeugen in einer Symbolleiste können geometrische Konstruktionen einfach, schnell und exakt auf einer Zeichenoberfläche erstellt werden. Darin sind nicht nur einfache Werkzeuge inbegriffen, die Kreise oder Geraden als Grundkonstruktionen[7] erzeugen, sondern ebenso Funktionen, die in einem Handlungsschritt Mittelsenkrechten oder Winkelhalbierende konstruieren, die somit nicht mehr unter die eigentlichen Standardkonstruktionen[8] fallen.

Heutzutage gibt es nach der Entwicklung des ersten und maßgebenden Programms namens Cabri-Géomètre (1988) viele ähnliche Nachfolger wie EUKLID, Cinderella, Geolog, Ge-onext, Thales sowie die relativ neuentwickelte Software GeoGebra. Obwohl sie sich alle in bestimmten Funktionen voneinander unterscheiden, haben die meisten dennoch drei sehr wichtige charakteristische Merkmale, durch die die DGS ihren Erfolg erlangten, gemeinsam. Diese sind im Folgenden:

- der *Zugmodus*, mit dem dynamische Veränderungen geometrischer Konstruktionen per Maus erfolgen können
- die *Ortslinienfunktion*, die die Bahnbewegung einzelner Objekte in Abhängigkeit von anderen Objekten nach Gebrauch des Zugmodus visualisieren
- der *Makrobefehl*, mit dem eine Sequenz von Konstruktionsbefehlen zu einem neuen Befehl zusammengefasst wird (vgl. Hölzl, 1997: 34).

2.2.1. Der Zugmodus

Aufgrund der Tatsache, dass in dieser Arbeit der Zugmodus eine wichtige Rolle spielen wird, soll auf diesen Aspekt näher eingegangen werden. Mittels des Zugmodus einer DGS können

---

[7] *„Grundkonstruktionen* sind Konstruktionen, die *in einem Schritt* erzeugt werden können." (Ludwig; Weigand, 2009: 68).

[8] Standardkonstruktionen bezeichnen Konstruktionen, die aus verschiedenen Grundkonstruktionen entstehen (vgl. Ludwig; Weigand, 2009: 69).

6

Basisobjekte[9] dynamisch bewegt werden, wodurch sich unter Wahrung der geometrischen Relation die von den Basisobjekten abhängigen Objekte mit bewegen. Demzufolge bleiben „die Inzidenz- und die Orthogonalitätsrelation[en] [...] invariant" (Schumann, 1989: 26). Durch diese Möglichkeit können die üblicherweise statischen Konstruktionen, in Form einer Zeichnung auf dem Papier, dynamisiert werden, sodass dieser Bewegungsprozess nicht mehr in der eigenen Vorstellung vollzogen oder eine neue Zeichnung erstellt werden muss. Diese besondere Eigenschaft erlaubt den Schülern eine erste Phase des Probierens und Beobachtens. Dadurch entsteht ein ausgezeichnetes Tätigkeitsfeld für entdeckendes Lernen. Die Schüler erhalten so die Möglichkeit, selbständig zu arbeiten, geometrische Fragestellungen gezielt zu untersuchen und Vermutungen zu überprüfen. Sträßer (2001: 190) klassifiziert drei Phasen von Verwendungsweisen des Zugmodus, die beim Problemlösen auftreten können. Die erste nennt er „tastendes Ziehen", bei der die Bewegungen unkontrolliert zu sein scheinen, weil am Anfang noch keine geometrische Vermutung bezüglich des zu lösenden Problems vorliegt. Der Benutzer befindet sich in einer sogenannten Probier- und Experimentierphase. Aus der ersten Phase heraus werden bereits Hypothesen über einen möglichen Sachverhalt gebildet, die in der nächsten Stufe, des „bestätigenden Ziehens", durch den Gebrauch des Zugmodus belegt oder widerlegt werden müssen. Hierbei sind ebenfalls Entdeckungen von Grenzfällen möglich. In der letzten Phase des „kontrollierenden Ziehens" hat der Nutzer bereits seine Vermutung als richtig anerkannt und überprüft diese abschließend an einer entsprechend erstellten Konstruktion.

2.2.2. GeoGebra

Das Geometrieprogramm *GeoGebra*, welches im Rahmen der praktischen Untersuchung dieser Arbeit genutzt wurde, wurde 2001 von M. Hohenwarter entwickelt und ist somit eine der neueren DGS. In dem Namen des Programms steckt gleichzeitig die Neuerung dieser Version, welche sie von seinen ersten Vorfahren unterscheidet. *GeoGebra* steht für dynamische Geometrie und Algebra. Neben geometrischen Konstruktionen von Punkten, Strecken, Geraden, Kreisen und Vektoren auf der Zeichenoberfläche kann der Benutzer diese auch durch eine direkte Eingabe konstruieren lassen. Weiterhin ist die zweifache Darstellung der gezeichneten Objekte auf dem Bildschirm ein wesentlicher Vorteil gegenüber anderen DGS. Ein Objekt ist sowohl auf dem Zeichenblatt geometrisch dargestellt sichtbar und entspricht gleichzeitig ei-

---

[9] Basisobjekte sind in einer DGS freie Punkte, deren Definition direkt und ohne Verwendung anderer Objekte bestimmt wurde. Sie sind von anderen Objekten nicht abhängig.

nem Ausdruck in dem nebenstehenden Algebrafenster. Diese parallele Präsentation mathematischer Objekte bleibt auch in der Dynamik bestehen, sodass sich die Messungen von Streckenlängen und Winkelgrößen bei Gebrauch des Zugmodus automatisch mitverändern und sich entsprechend aktualisieren.[10] Damit bietet *GeoGebra* eine gute Grundlage, Beobachtungen und Vermutungen auf dem Zeichenblatt gleichzeitig algebraisch zu überprüfen, was entdeckendes Lernen begünstigt. Ein weiterer Vorzug bezüglich des Experimentierens ist die Möglichkeit, dass bestimmte geometrische Objekte, wie Hilfslinien, auf dem Bildschirm ausgeschaltet werden können, ohne sie zu löschen. Somit kann sich der Schüler auf das Wesentliche konzentrieren und sich eine größere Übersichtlichkeit verschaffen.

Ein zentraler Grund für die Wahl von *GeoGebra* für meine Untersuchung war die einfache Handhabung für die Schüler, da das Programm relativ leicht und übersichtlich aufgebaut und schnell für Anfänger erlernbar ist. Überdies erleichtert die zuvor genannte doppelte Betrachtungsweise der Objekte den Schülern das Beobachten und Entdecken bei der Nutzung des Zugmodus, weil sich die entsprechenden Maße im Algebrafenster mitverändern. Zudem folgt die algebraische Eingabe einer Notation, die der der Schule sehr nahe liegt, sodass keine neu zu erlernenden komplexen Strukturen erforderlich sind. Das Geometrieprogramm könnte neben dem Schuleinsatz auch zu Hause Verwendung finden, da es sich um eine Freeware handelt, die unter www.geogebra.org herunter geladen werden kann.

3. Praxisbezogene Untersuchung

3.1. Bedingungsanalyse

3.1.1. Rahmenbedingungen

Die äußeren Bedingungen, die die Suche nach einer geeigneten Schule beinhaltete, welche mir für meine Untersuchung eine siebte Klasse für vier Mathematikunterrichtsstunden zur Verfügung stellen konnte, erwiesen sich als äußerst schwierig. Durch eine längere Krankheit der für mich zuständigen Lehrkraft verschoben sich meine praktischen Arbeiten trotz frühzeitiger Planung um einige Wochen. Aus diesem Grund musste die Einführung in das Programm *GeoGebra*, welches für die Schüler unbekannt war sowie die Doppelstunde der Untersuchung in drei direkt aufeinanderfolgenden Unterrichtsstunden ablaufen. Diese Situation beeinträchtigte die Aufmerksamkeit und das Aufnahmevermögen vieler Schüler in der Endphase.

Das *Babelsberger Filmgymnasium* in Potsdam, an dem die Studie durchgeführt wurde, verfügt über einen großen Computerraum mit 24 Computern, auf denen *GeoGebra* vorhanden ist.

---

[10] vgl. http://www.geogebra.org/help/geogebra_flyer_de.pdf (letzter Zugriff: 05.02.2010)

Dennoch soll die Sozialform der Partnerarbeit gewählt werden, weil sich die Schüler somit gegenseitig bei der Nutzung des neuen Programms unterstützen können und zudem das Prozessziel des Kommunizierens im Mathematikunterricht gefördert wird. Das vorhandene Whiteboard, an dem der Lehrercomputer angeschlossen ist, kann einerseits zum Vortragen von Vermutungen und Ergebnissen einzelner Schüler genutzt werden. Andererseits dient es gleichzeitig als Tafel, an dem Ergebnisse in Form von Merksätzen gesichert werden sollen. Durch die Benutzung einer dynamischen Geometrie-Software verändert sich eindeutig die Lernumgebung, welche Brüning [u.a.] (2008: 19) als „digitale" Lernumgebung bezeichnet. Unter der Bedingung, dass sich der gesamte Lernablauf nicht vollständig auf das digitale Medium ausrichtet, können die Lernprozesse der Schüler durch den Computer, der zu den herkömmlichen Methoden des Geometrieunterrichts unterstützend wirkt, gefördert werden.

3.1.2. Lerngruppenbeschreibung

Für das *Babelsberger Filmgymnasium* sind relativ kleine Lerngruppen charakteristisch, und somit besteht die in diesem Schuljahr neu zusammengesetzte Klasse 7t aus nur 21 Schülern (18 Mädchen und drei Jungen). Grund für die starke Überzahl des weiblichen Geschlechts ist, dass sich die Klasse auf das Profil[11] *Tanzen* spezialisiert. Unter den Lernern im Alter von 12 – 14 Jahren befinden sich zwei, die die 7. Klasse mit einem Wechsel auf das *Babelsberger Filmgymnasium* wiederholen. Dementsprechend sollte den beiden das vorbereitete Thema bekannt sein, was jedoch keinen Nachteil für die Untersuchung darstellt, da Vergessenes wiederentdeckt werden kann und mit der Lernmethode, die angewendet wird, eventuell nachhaltiger im Gedächtnis bleibt.

Die Lerngruppe hatte in den bisherigen Monaten des Schuljahres keinen Geometrieunterricht, sodass sie ihre Vorkenntnisse in diesem Bereich auf den verschiedenen Grundschulen erworben haben, welche dementsprechend sehr unterschiedlich sind. Gleichermaßen ist die Klasse bezüglich der Leistung und des Arbeits- und Sozialverhaltens sehr heterogen und fällt zeitweise durch Disziplinprobleme auf. Des Weiteren findet eine Bearbeitung offener Aufgaben im Mathematikunterricht eher selten statt, und es tauchen teilweise Probleme beim Verbalisieren und Formulieren von Begründungen auf. Eine Schülerin kristallisiert sich anhand ihrer Leistung positiv heraus und scheint mathematisch begabt zu sein. Ein Computereinsatz im Mathematikunterricht erfolgte in dieser Klasse noch nicht. Die dynamische Geometrie-Software *GeoGebra* war den Schülern somit noch nicht bekannt.

---

[11] Profile stellen obligatorische Ergänzungsfächer dar. Es kann zwischen Tanzen, Filmen und bilingualem Unterricht gewählt werden.

3.2. Sachanalyse

3.2.1. Ziele des Geometrieunterrichts

Holland (1988: 7f.) beschreibt vier Bereiche des Geometrieunterrichts in der Sekundarstufe I, von denen in dieser Arbeit die zwei folgenden herausgegriffen und an denen fundamentale und wichtige Ziele des Geometrieunterrichts dargestellt werden:

- Geometrie als Lehre vom Anschauungsraum
- Geometrie als Übungsfeld für Problemlösen

Dem ersten Bereich liegen vorrangig Inhaltsziele zugrunde, bei denen es um die Aneignung von Grundbegriffen aus der Geometrie und deren Anwendung geht. Darüber hinaus sollen zeichnerische Fertigkeiten gefördert und geometrische Zusammenhänge erfasst werden, die für den weiteren Erwerb geometrischer Inhalte bedeutsam sind. Den Stellenwert der Prozessziele, zu denen das selbständige Entdecken mathematischer Beziehungen gehört, unterstreicht Holland folgendermaßen: „Nur ein Unterricht, welcher den Schülern Gelegenheit gibt, geometrische Sätze und deren Allgemeingültigkeit weitgehend selber zu entdecken, trägt der Forderung nach integrierter Kenntnis geometrischer Zusammenhänge Rechnung." (Holland, 1988: 8). „Integrierte Kenntnis" bedingt laut Holland, dass neu zu lernende Begriffe und Sätze an bereits erworbene Kenntnisse angeknüpft und diese miteinander in Beziehung gebracht werden sollen. Die Relevanz im Mathematikunterricht beläuft sich damit nicht nur auf ein Endergebnis, sondern der Prozess des Wissenserwerbes sollte prädominieren, um somit eine Nachhaltigkeit der Lernergebnisse zu ermöglichen. Gleichermaßen konkretisiert Bruner diesen Sachverhalt präzise: „Wissen ist kein Produkt, sondern ein Prozess" (zit. nach Weigand, 1997: 6). Unter dem Aspekt „Übungsfeld für Problemlösen" besteht das Hauptziel des Geometrieunterrichts sowohl darin, die Schüler zu ermuntern, Strategien zum Problemlösen zu finden, als auch darin, diese Fähigkeit des Lösens von Konstruktionsproblemen zu fördern. Um Ansätze zum Problemlösen zu entwickeln, können heuristische Verfahren oder Methoden hilfreich sein. Hierzu zählen unter anderem das Weglassen einer Bedingung, das Vorwärts- und Rückwärtsarbeiten und das Analogisieren (vgl. Leuders, 2003: 133f.).

Diese beiden aufeinander aufbauenden, von Holland aufgezeigten, Bereiche beschreibt Henn (1994: 5f.) unter Einbeziehung des Aspektes des Computereinsatzes als zwei Handlungsebenen. Auf der nichtcomputerunterstützten Ebene erlernen die Schüler grundlegende Begriffe und Konstruktionsschritte mit den herkömmlichen Methoden der Zirkel- und Linealkonstruktion. Sobald diese Grundkonstruktionen von den Schülern erfasst wurden und ihre reinen Durchführungen keinen Erfolg im Lernprozess mehr ergeben, können diese Grundkenntnisse dann auf der zweiten Ebene vom Computer als Bausteine genutzt werden. Somit können sich die Schüler auf das Problemlösen und das Entdecken und Finden geometrischer Zusammenhänge konzentrieren, welches mit der Nutzung des Zugmodus und der Ortslinienfunktion begünstigt wird. Dadurch kann der Schwerpunkt auf die Prozessziele gelegt werden.

3.2.2. Curriculare Einordnung des Themas

Das Thema „Umkreis von Dreiecken" wird in die Thematik „Besondere Linien und Punkte im Dreieck" eingeordnet und gehört somit in das Gebiet der geometrischen Konstruktionen. Laut des brandenburgischen Rahmenlehrplans von 2008 umfasst die grundlegende allgemeine Bildung der Doppeljahrgangsstufe 7/8 das Konstruieren besonderer Linien im spitzwinkligen Dreieck (Mittelsenkrechte, Winkelhalbierende, Höhe und Seitenhalbierende) und den Umkreis eines Dreiecks. Neben den grundlegenden Kenntnissen zur Konstruktion ist ein wesentlicher Bestandteil in der Geometrie das Erforschen geometrischer Zusammenhänge, welches insbesondere durch die Verwendung dynamischer Geometrie-Software unterstützt werden kann (vgl. RLP, 2008: 25). Diese entdeckten Eigenschaften und Beziehungen müssen dann verbalisiert und begründet werden.

Das Thema „Besondere Linien und Punkte im Dreieck" wird üblicherweise mit der Schnittpunkteigenschaft der Mittelsenkrechten im Dreieck und dem daraus resultierenden Umkreis eines Dreiecks eingeleitet (vgl. Pohlmann; Stoye, 2002: 167, 171; Ulm, 2004: 11), welches das Thema der vorliegenden Arbeit sein wird. Vorkenntnisse zu diesem Thema sind die allgemeinen Kenntnisse über Dreiecke wie die Winkelsumme und die Eigenschaften verschiedener Dreiecksgrundformen, die bei der Lage des Umkreismittelpunktes eine Rolle spielen. Teilweise ist die Mittelsenkrechte in der Grundschule bereits Gegenstand des Geometrieunterrichts.

3.3. Planung zur Durchführung der Studie

Vor der empirischen Studie zur Förderung des entdeckenden Lernens im Geometrieunterricht dient ein von den Schülern zu bearbeitender Fragebogen (vgl. Anhang 1) hauptsächlich der Einschätzung ihrer Vorkenntnisse. Als positiver Nebeneffekt fungiert er als Erinnerung für die Schüler an den Bereich der Geometrie. In der Auswertung konnte festgestellt werden, dass das Leistungsprofil der Klasse sehr heterogen ist. Es traten Probleme bei der Zuordnung unterschiedlicher Dreiecksgrundformen und grundlegender Begriffe auf, sodass diese am Anfang der Untersuchung kurz als Wiederholung besprochen wurden. Die Aufgabe 5, die der ersten Aufgabe in der Studie gleicht, konnte nicht richtig gelöst werden. Es gab verschiedene

Lösungsansätze, von denen ich mir erhoffe, dass die Lerner diese mit Hilfe des Computers überdenken und zu einer Lösung führen können. Die Lösungsansätze beruhten darauf, dass eine Mittelsenkrechte zur Strecke $\overline{AB}$ konstruiert und dann durch Probieren versucht wurde einen gleichen Abstand zu Punkt C zu finden. Ein anderer verbreiteter Gedanke war, mit dem Radius der Strecke $\overline{AB}$ jeweils einen Kreis um die drei Eckpunkte zu konstruieren, sodass der Schnittpunkt der Kreise den gesuchten Punkt darstelle. Da die Strecken $\overline{AB}$ und $\overline{BC}$ fast gleich lang waren, wurde die Hypothese, dass ein Schnittpunkt der Kreise existiere, von den Schülern aufgrund von zeichnerischer Ungenauigkeit für richtig gehalten.

Zur Einführung von *GeoGebra* ist eine Unterrichtsstunde geplant. Nach einer kurzen Erläuterung des Programmaufbaus lernen die Schüler anhand einfacher Konstruktionsaufgaben (vgl. Anhang 2) die Software kennen und üben den Umgang mit dieser. Eine relativ starke Steuerung des Geschehens ist bei der Einführung nicht zu vermeiden, damit das Programm für die Studie weitgehend sicher beherrscht wird. Zudem kann eigenständiges Handeln erst auf der Basis gesicherter Grundfertigkeiten sinnvoll erreicht werden.

Die Doppelunterrichtsstunde der Studie unterteilt sich in verschiedene Phasen, die im Verlaufsplan erkenntlich sind (vgl. Anhang 3). Ziel der Unterrichtsstunden ist die Entdeckung, dass durch die Konstruktion des Schnittpunktes der Mittelsenkrechten in einem Dreieck ein Punkt gefunden werden kann, der den gleichen Abstand zu allen drei Eckpunkten hat und dass eine Invarianz der Schnittpunkteigenschaft existiert. Außerdem wird der daraus resultierende Umkreis eines Dreiecks thematisiert und begründet. Eine weitere Zielsetzung ist die Erkundung der Lage des Umkreismittelpunktes anhand einer zweiten Aufgabe (vgl. Anhang 5). Die Einstiegsaufgabe (vgl. Anhang 4) ist derartig gewählt, dass sie sich zum entdeckenden Lernen eignet (vgl. Kapitel 2.1.1.). Der konkrete Kontext dieser Einkleidung des geometrischen Pro- blems soll ein besseres Verständnis der Aufgabenstellung ermöglichen und zu Lösungsideen verhelfen. Dadurch ist die Aufgabe für die Schüler leicht zugänglich und fördert die Offenheit gegenüber einer neuen problemorientierten Situation. Gleichzeitig muss die Vorgehensweise zur Lösung des Problems selbst entwickelt werden, da kein bekanntes Lösungsverfahren angewandt werden kann (Barriere). Neben den Entdeckungsphasen, denen genügend Zeit eingeräumt werden soll, um die Schüler kreativ werden zu lassen, sind auch Phasen der Ergebnispräsentation durch die Schüler, gemeinsamer Unterrichtsgespräche zur Begründung ihrer Hypothesen und der Ergebnissicherung in Form von Merksätzen notwendig. Dadurch wird die geforderte Abwechslung an computergestützten und nichtcomputergestützten Phasen teilweise gesichert[12] (vgl. Kapitel 3.1.1.). Zudem zeigt sich hierbei, dass die Lehrkraft in Entdeckungsprozesse in mancher Hinsicht eingreifen muss, um die Sicherung von Teilerfolgen zu garantieren.

Mit einem von den Schülern ausgefüllten Feedbackbogen (vgl. Anhang 6) sollen die Analyse und die Reflexion untermauert werden. Abschließend war geplant, dass die Schüler zwei Wochen nach der Untersuchung eine Aufgabe zum Umkreis von Dreiecken manuell lösen sollten, um die Nachhaltigkeit der Lernerfolge unter vorherigem Computereinsatz feststellen zu können. Aufgrund der zuvor beschriebenen Probleme zur Durchführung dieser Studie konnte diese Phase leider nicht stattfinden.

3.4. Untersuchungsinteresse und Erwartung

Anhand des Themas der geplanten Unterrichtsstunden soll der Schwerpunkt der Beobachtungen und der Analyse auf dem entdeckenden Lernen liegen. Damit soll der Entdeckungsprozess mit Hilfe der DGS *GeoGebra* und ein daraus resultierender, weitgehend selbsterarbeiteter Lösungsweg einer problemorientierten Aufgabe im Vordergrund stehen und nicht eine präzise Beweisführung. Allerdings bedarf es zumindest einer Begründung der Hypothesen über die entdeckten Zusammenhänge, um den Entdeckungsprozess abzuschließen.

Im Zentrum dieser Arbeit stehen die folgenden Fragestellungen, zu denen anhand der Analyse der Unterrichtsstunden in der anschließenden Reflexion Stellung genommen werden soll:

- Wie stellt sich die Herangehensweise an die Aufgabenstellungen in der veränderten Lernumgebung dar?
- Inwieweit kann eine dynamische Geometrie-Software Hilfe leisten, die Fähigkeit zum Lösen geometrischer Fragestellungen zu fördern?
- Wie vollziehen sich die Stufen der Kreativitätsmodelle des entdeckenden Lernens?
- In welchem Maß ist entdeckendes Lernen zu dem Thema „Umkreis von Dreiecken" überhaupt möglich?

Im Folgenden soll die Erwartungshaltung bezüglich der zu entdeckenden Zusammenhänge beschrieben werden. Es wird davon ausgegangen, dass die meisten Schüler die Einstiegsaufgabe experimentell durch ein Probierverfahren bearbeiten, indem sie die Stadt Mettmann mit den drei anderen Städten verbinden und erkennen, dass die Abstände nicht gleich groß sind. Anschließend wird versucht werden, den gesuchten Punkt durch Verschieben mittels des

---

[12] Nichtcomputergestützte Phasen, in denen die herkömmlichen Methoden zur Konstruktion geschult werden, konnten im Rahmen dieser zeitlich begrenzten Studie nicht berücksichtigt werden.

Zugmodus zu finden. Erst durch den Hinweis zur heuristischen Strategie des Weglassens einer Bedingung wird der überwiegende Teil der Klasse die Entdeckung machen können, dass sich die Mittelsenkrechten des Dreiecks in einem Punkt schneiden, welcher den gleichen Abstand zu allen drei Eckpunkten hat. Dieses gilt es dann zu überprüfen. Durch das Verschieben einzelner Eckpunkte kann dann die Invarianz der Schnittpunkteigenschaft festgestellt werden. Im Hinblick auf den Umkreis kann durch dynamisches Verändern entdeckt werden, dass die Eckpunkte des Dreiecks stets mit dem Kreis inzidieren. Demzufolge kann die Hypothese gebildet werden, dass jedes Dreieck einen Umkreis besitzt. Bei der zweiten Aufgabe zur Lage des Umkreismittelpunktes wird erwartet, dass zumindest zwei Lagen dieses Mittelpunktes (innerhalb und außerhalb des Dreiecks) ermittelt werden, welche auf ihre Gesetzmäßigkeit im Zugmodus visuell geprüft werden sollen. Mit dem Tipp der Einzeichnung der Innenwinkel wird eine Basis für die Relation zwischen der Lage des Umkreismittelpunktes und der Dreiecksgrundform geschaffen, welche selbständig in Merksätzen festgehalten werden soll.

3.5. Analyse des Verlaufs der Unterrichtsstunden

3.5.1. Themenbereich: Entdeckendes Lernen

Im Folgenden sollen die durchgeführten Unterrichtsstunden bezüglich des entdeckenden Lernens untersucht werden. Die Auswertungen beruhen auf den Beobachtungen während des Unterrichtsgeschehens, auf den Mitschriften der Schüler, auf den Konstruktionsprotokollen der gespeicherten Dateien in *GeoGebra* sowie auf einer Videoaufnahme. Leider ist die Aufnahme qualitativ schlecht, sodass diese nur zur Unterstützung meiner Beobachtungen dienen konnte und keine Videosequenzen als Beleg verwendbar waren. Ein Nachteil der Konstruktionsprotokolle liegt darin, dass diese die dynamischen Bewegungen, die die Schüler vollzogen haben, nicht wiedergeben. Demzufolge liegt der Fokus der Auswertung hauptsächlich auf den gemachten Beobachtungen und den Notizen der Schüler.

Bei der Einstiegsaufgabe konnte wie erwartet beobachtet werden, dass die meisten Schüler eine experimentelle Vorgehensweise wählten, indem sie die drei Eckpunkte des entstandenen Dreiecks mit dem Punkt D, der Stadt Mettmann, verbanden und mit Blick auf das Algebrafenster von *GeoGebra* feststellten, dass die drei Strecken nicht gleich lang waren und der Handysendemast somit nicht in Mettmann aufgestellt werden würde. Durch Verschieben des Punktes D im Zugmodus bestimmten diese Lerner durch Probieren den ungefähren Standort des Mastes. Mittels dieses Verfahrens wurde vorläufig zwar nicht das Ziel erreicht, den gesuchten Punkt zu konstruieren; allerdings gelangten die Schüler durch das Probierverfahren zu dem Teilergebnis, dass die Befürchtungen der Stadt Mettmann nicht berechtigt sind, was sich motivierend auf die weitere Vorgehensweise auswirkte. Durch die Möglichkeit des freien Experimentierens verschafften sich die Schüler eine Grundlage zum Verständnis der Aufgabe und machten sich mit dem Geometrieprogramm vertraut. Andere Schüler versuchten ohne die oben beschriebene Phase direkt den gesuchten Punkt zu finden. Dabei konnten zwei verschiedene Ansätze beobachtet werden, die nacheinander beleuchtet werden sollen.

Eine Zweiergruppe vermutete, dass der Punkt über die Konstruktion der Seitenhalbierenden zu finden sei. Ihre Begründung dafür lag darin, dass die Seitenhalbierende einer Strecke $\overline{AB}$ diese halbiert, sodass somit der entstandene Schnittpunkt zu den beiden Punkten A und B den gleichen Abstand habe. Die beiden Schüler durchliefen die Inkubationsphase nach Winter (vgl. Kapitel 2.1.2.), da sie im Gespräch miteinander verschiedene Ideen abwogen und sich nach ihrer Begründung für die beschriebene entschieden. Bei der Konstruktion aller drei Seitenhalbierenden entdeckten sie, dass sich diese in einem Punkt schnitten. Nach dieser kurzen Illuminationsphase prüften sie mit der Messfunktion, ob dieser Schnittpunkt zu allen drei Eckpunkten den gleichen Abstand hatte. Diese Form der Eigenkontrolle, welche ihnen im Vorfeld in der Einführung des Programms nahegelegt wurde, erklärt Brüning [u.a.] (2008: 19) im Prozess des selbständigen interaktiven Lernens für essentiell. In der von den beiden Schülern durchlaufenen Verifikationsphase stellten sie fest, dass ihre Lösung zwar nicht korrekt war (vgl. Anhang 7), ließen sich aber nicht entmutigen, sondern schienen noch motivierter, die richtige Lösung finden zu wollen, da sie der Meinung waren, kurz vor der Lösung des Problems gestanden zu haben. Daher kann behauptet werden, dass sie nach Durchlaufen der Phasen Winters bei der Inkubationsphase erneut einsetzten. An der Verfahrensweise dieser beiden Schüler zeigt sich, dass das Prozessziel des eigenständigen Denkens mit „Mut zur Hypothesenbildung" (Weth, 1997: 83) durch den Einsatz einer DGS gefördert werden kann. Es sei außerdem daran erinnert, dass nach Weth (1997: 82) Erkenntnisse auch dann als nützlich und produktiv gelten, wenn sie für den Lerner subjektiv neu und für den zu lernenden Unterrichtsstoff hilfreich sind. Aufgrund dessen, dass die Idee der Schüler im Allgemeinen sehr gut war, kann ein Überdenken der Seitenhalbierenden im weiteren Entdeckungsprozess zur Lösung führen.

Eine weitere Zweiergruppe hatte den Ansatz, jeweils einen Kreis mit gleichem Radius um die drei Eckpunkte zu konstruieren. Ihre Erwartung, dass sich diese in einem Punkt schneiden würden, traf nicht ein.[13] Leider verwarfen sie ihre Idee nach kurzer Zeit, griffen diese allerdings bei der Nennung der heuristischen Hilfestellung sofort wieder auf.

---

[13] Der gleiche Ansatz tauchte in dem Fragebogen auf. Aufgrund zeichnerischer Ungenauigkeit erkannten diese Schüler einen Schnittpunkt (vgl. Kapitel 3.3.).

Die Einstiegsphase hat zwar gezeigt, dass die Schüler verschiedene, konstruktive Ideen und Ansätze bei der Arbeit mit *GeoGebra* hervorbrachten. Jedoch schafften es nur zwei Schülerpärchen eigenständig, den gesuchten Punkt über die Mittelsenkrechten zu konstruieren. Es ist offensichtlich, dass für die Mehrheit der Schüler entdeckendes Lernen nicht allein mittels Computereinsatz vollzogen werden kann, sondern dass andere didaktische Faktoren mit einbezogen werden sollten. Aufgrund dessen bekamen die Schüler folgende strategische Hilfestellung: sie sollten überlegen, wo alle Punkte liegen, die zunächst von zwei gegebenen Orten den gleichen Abstand haben. Dabei handelt es sich um die heuristische Strategie des Weglassens einer Bedingung. In diesem Augenblick greift zwar die Lehrperson in den Entdeckungsprozess der Schüler ein und lenkt ihn somit in eine vorgegebene Richtung. Dieser Impuls ist jedoch in diesem Fall produktiv für das Entdecken durch die Schüler, weil sie bereits längere Zeit eigenständig gearbeitet und Teilerfolge erreicht haben. Ansonsten könnte im weiteren Verlauf das versuchte Experimentieren wenig Erfolg versprechen und die Motivation der Schüler würde sich verringern. In diesem Sinn ist die von der Lehrkraft gegebene Entdeckungshilfe zum Selbstfinden einer Lösung im gelenkten entdeckenden Lernen berechtigt (vgl. Kapitel 2.1.). Zudem wird eine wichtige heuristische Strategie bewusst gemacht und erlernt.

Durch diese Hilfestellung konnte bei einigen Schülern der Weg in die entdeckende Phase begünstigt werden. Dieses zeigte sich darin, dass sie die Mittelsenkrechten konstruierten und entdeckten, dass sich diese in einem Punkt schnitten. Die zuvor für die Schüler nicht lösbare Aufgabe aus dem Fragebogen, die der Einstiegsaufgabe gleicht, konnte mittels einer heuristischen Strategie und dem Einsatz des Computers bewältigt werden. Bei der Präsentation der Entdeckungen durch eine Gruppe wurde aufgrund einiger Schülerreaktionen klar, dass diese Schritte nicht für alle Schüler nachvollziehbar waren. Dieses Problem soll jedoch erst in Kapitel 3.5.2. kritisch betrachtet werden. Durch eine Überprüfung der Abstände von dem neu konstruierten Punkt zu den drei Eckpunkten mittels der Messfunktion im Algebrafenster „bewies"[14] die Schülerin, dass an dem über die Mittelsenkrechten konstruierten Punkt der Handysendemast aufgestellt werden müsste. Anhand der Idee zur Konstruktion der Mittelsenkrechten wird deutlich, dass Computerprogramme nicht das Denken der Schüler übernehmen, sondern dass das traditionelle Wissen weiterhin eine wichtige Rolle spielt.

Mit einer von der Lehrperson gestellten Frage, die die Hinführung auf den Umkreis intendierte, wurde dieser thematisiert und von den Schülern anschließend konstruiert. Unter Benutzung

---

[14] Wortlaut der Schülerin; es handelt sich jedoch lediglich um eine Überprüfung.

des Zugmodus sollte herausgefunden werden, wie sich diese Konstruktion bei anderen Dreiecken verhält und wie dieser Zusammenhang zu begründen ist. Das Ziel ist eine Verallgemeinerung, bei der im Entdeckungsprozess eine Vermutung über geometrische Zusammenhänge geäußert werden soll. Die Möglichkeit des beliebigen Variierens der geometrischen Konstruktion brachte verschiedenen Schülergruppen in der entdeckenden Phase eine für sie subjektiv neue Erkenntnis. Sie stellten eine Invarianz der Schnittpunkteigenschaft der Mittelsenkrechten fest, bei der die Abstände zu den Eckpunkten im Verhältnis zueinander gleich groß blieben. Durch diese Feststellung, welche die Lerner in ihren Notizen verbalisierten und festhielten (vgl. Anhang 8), absolvierten sie die entwickelnde Phase nach Weth. Hier wird Folgendes deutlich, was bereits Weigand (1997: 6) als didaktische Überlegung zum Einsatz des Computers darlegte: „Geometrische Sätze ergeben sich [...] als Invarianzaussagen bzgl. des Variationsmodus. Dadurch ergibt sich insbesondere die Möglichkeit der induktiven Satzfindung, d.h. das Aufstellen von Vermutungen über geometrische Zusammenhänge". Mit den Beobachtungen der Schüler war ein Ansatz zur Satzfindung des Umkreises eines Dreiecks vorhanden, der später gemeinsam im Klassenverband als Merksatz zur Sicherung des neuerworbenen Wissens festgehalten wurde. Mit dieser durch den Zugmodus entdeckten Invarianz wurden einige Schüler für ein weiteres Prozessziel sensibilisiert, wodurch ein erster Schritt zur „Schulung auf das mathematisch Interessante" (Weth, 1997: 83) bewirkt werden konnte. Allerdings ist das genannte Prozessziel wesentlich einfacher zu fördern, wenn dieses für manche Schüler oftmals nicht besondere Phänomen mit kontrastierenden in Beziehung gesetzt wird. Auf diesen Aspekt wird in Kapitel 3.5.2. näher eingegangen.

Diese Entdeckung der Invarianz wurde erst durch die Option des Variierens im Zugmodus möglich, welche an einer statischen Konstruktion nicht hätte realisiert werden können. Gleichermaßen erweist sich das Programm für die Schüler bei der Konstruktion des Umkreises als sehr sinnvoll, da auf der manuellen Art und Weise die drei Punkte aufgrund zeichnerischer Ungenauigkeit oftmals nicht alle auf dem Kreis liegen. In diesem Fall fehlt eine wichtige Grundlage, um entdeckendes Lernen überhaupt erst zu ermöglichen. Die Eigenschaft, dass jedes Dreieck einen Umkreis besitzt, schien für viele Schüler keine besondere Bedeutung zu haben. Dieses Problem soll ebenfalls in Kapitel 3.5.2. noch einmal aufgegriffen werden.

Bei der zweiten Aufgabe, deren Ziel die Entdeckung der Lage des Umkreismittelpunktes ist, konnte die Mehrheit der Lerner die drei verschiedenen Möglichkeiten herausfinden und diese selbständig in Merksätzen festhalten. Durch die erneute Konstruktion des Umkreismittelpunktes konnte das neuerworbene Wissen aus der ersten Aufgabe noch einmal gefestigt werden. Mittels der Verwendung des Zugmodus verschafften sich alle Schüler einen experimentellen

Zugang zu dem zu erforschenden Sachverhalt. Das Experimentieren zeigte sich zunächst bei allen Schülern in einem unbedachten Ziehen der Eckpunkte, wodurch sich die Konstruktion und somit der Umkreismittelpunkt sehr schnell bewegten. Demzufolge konnten von einigen Schülern keine neuen Vermutungen geäußert werden, sondern nur die bereits erkannte Feststellung, dass die Schnittpunkteigenschaft invariant blieb. Im Gegensatz zu anderen Lernern musste diesen die Hilfestellung gegeben werden, den Eckpunkt der Figur langsamer zu bewegen, um besser beobachten zu können. Wenigen Schülern musste eine weitere Stütze gegeben werden, die Lage des Punktes bezüglich des Dreiecks zu betrachten. Diese erste Phase zeigt eindeutig das von Sträßer beschriebene „tastende Ziehen" (vgl. Kapitel 2.2.1.), da die Vorgehensweise der Schüler durch die schnelle Bewegung unkontrolliert zu sein schien und sie keine relevanten Hypothesen äußern konnten. Durch die Tipps, die ungefähr die Hälfte der Schüler nicht benötigte, gewannen sie zunächst die allgemeine Erkenntnis, dass der Umkreismittelpunkt sowohl innerhalb als auch außerhalb des Dreiecks liegen kann. Dieser Augenblick der Illumination, wie er von Winter bezeichnet wird, welche der entdeckenden Phase nach Weth gleicht, ist, wie zuvor erwähnt, wissenschaftlich schwierig zu untersuchen, weil in den Gedanken des Lerners intuitiv eine Idee entsteht, die eine subjektive Neuentdeckung hervorruft. Dass diese Phase der Illumination eingetreten ist, kann nur an dem Ergebnis in den Mitschriften nachvollzogen werden (vgl. Anhang 9). Mithilfe der Einzeichnung der Innenwinkel konnten Hypothesen gebildet werden, unter welchen Bedingungen der Umkreismittelpunkt außerhalb oder innerhalb des Dreiecks liegen könnte. Ihre Vermutungen bestätigten die Schüler, indem sie mithilfe des Zugmodus eine hohe Anzahl verschiedener Beispiele hinsichtlich ihrer Hypothesen untersuchten. Anhand dieser visuellen Grundlage konnte eine Gesetzmäßigkeit gefunden und schließlich bestätigt werden. Es war eindeutig zu beobachten, dass die Lerner nach einer geäußerten Vermutung den Zugmodus sehr bedacht und kontrolliert benutzten, welches auf die Phase des „bestätigenden Ziehens" (vgl. Kapitel 2.2.1.) hinweist. Den dritten Fall entdeckten viele Schüler erst, nachdem der Hinweis gegeben wurde, dass es insgesamt drei Fälle gibt. Die entwickelnde Phase nach dem Modell Weths hat in dem Moment stattgefunden, in dem die Lerner ihre für sich bestätigten Vermutungen in Form von Merksätzen in ihr Arbeitsheft geschrieben und somit ihre Entdeckungen der vorherigen Phase gesichert haben (vgl. Anhang 10). Mit dem letzten Fall, dass in einem rechtwinkligen Dreieck der Mittelpunkt auf der Hypotenuse liegt, ist eine Ausgangslage für eine spätere Bearbeitung des Satz des Thales geschaffen.

An einem Beispiel der Schülernotizen ist zu erkennen, dass trotz der zahlreichen Beispiele stumpfwinkliger Dreiecke, die mittels des Zugmodus veranschaulicht werden konnten, die Hypothese noch nicht bewiesen zu sein scheint:

> Bei stumpfwinkligen Dreiecke, liegt der Treffpunkt oft außerhalb des Dreiecks.

Durch den Gebrauch des Wortes „oft" zeichnet sich ab, dass die visuelle Überprüfung unter Zuhilfenahme des Zugmodus für den Schüler insgesamt nicht ausreicht, sondern indirekt ein Beweis für notwendig gehalten wird. Dieser Beweis hat erstens nicht stattgefunden, da der Fokus dieser Arbeit auf dem Entdeckungsprozess liegt. Zweitens scheint ein Beweis dieses Sachverhaltes nach der Behandlung des Peripherie- und Zentriwinkelsatzes angemessen, da mit diesem Wissen der entdeckte Zusammenhang der Lage des Umkreismittelpunktes begründet werden kann.

Entdeckendes Lernen umfasst nach Niederdrenk-Felgner (1998: 41) neben den in der Arbeit bisher thematisierten Aspekten, dass im Entdeckungsprozess Fragen selbst entwickelt werden und über die von der Lehrperson gestellten hinausgehen. Eine Schülerin, die von ihrer Lehrerin als mathematisch begabt eingestuft wird, ist zusätzlich diesen Weg gegangen, indem sie sich gefragt hat, was passieren wird, wenn die drei gewählten Orte nicht in der Form eines Dreiecks zueinander liegen, sondern sich auf einer Geraden befinden. Damit hat sie sich zwar von dem Thema „Umkreis von Dreiecken" losgelöst, aber weitere interessante Untersuchungen bezüglich der eingekleideten Aufgabe angestellt. Sie hat dabei herausgefunden, dass sich die Mittelsenkrechten nicht mehr schneiden können, da sie parallel verlaufen und ein solcher Punkt, der von allen drei Punkten den gleichen Abstand hat, nicht mehr existent ist. Damit ist die Aufgabe unlösbar geworden. Mit dieser Vorgehensweise, die für das entdeckende Lernen wünschenswert ist, hat sie gezeigt, dass sie sich selbständig Zusammenhänge erklären konnte, die über das Thema und über die Erwartungen der Lehrperson hinausgingen. Zu dieser Entdeckung hat mit Sicherheit der konkrete Kontext beigetragen, da die Schülerin davon ausgegangen ist, dass alle drei Personen Nachbarn sind, die nebeneinander wohnen. In dieser Hinsicht erweist sich, dass eingekleidete Aufgaben den Schülern helfen sich einen mathematischen Sachverhalt besser vorstellen und diesen bearbeiten zu können.

3.5.2. Kritische Betrachtungen

In diesem Kapitel sollen die beiden Unterrichtsstunden kritisch betrachtet werden. Einzelne Punkte davon wurden bereits in der Analyse angedeutet und sollen hier ausführlich behandelt werden.

Zunächst hat sich meine Befürchtung bestätigt, dass drei direkt aufeinanderfolgende Unterrichtsstunden Mathematik mit Computereinsatz zu lang sind. Die Schüler wurden mit der Zeit unkonzentrierter und bestätigten mir in dem Feedbackbogen, dass zu viel Arbeitszeit am Computer auf Dauer Langeweile und Unkonzentriertheit hervorrufe (vgl. Anhang 11). Obwohl darauf geachtet wurde, dass es abwechselnde Phasen mit und ohne Computerarbeit gab, überwog der Einsatz des Geometrieprogramms, welcher für die Studie nötig und aus organisatorischen und zeitlichen Gründen nicht anders einzuplanen war. Sollte von mir eine ähnliche Unterrichtsstunde noch einmal stattfinden, könnte intensiver auf das Problem eingegangen werden.

In der Analyse wurde erklärt, dass mehrere Schüler nicht konkret nachvollziehen konnten, dass die dritte Mittelsenkrechte durch den Schnittpunkt der anderen beiden verlaufen muss. Dieses schlug sich ebenfalls in einer mangelnden Begründung nieder. Mit dem Einsatz der Ortslinienfunktion im Zusammenhang mit der heuristischen Strategie, des Weglassens einer Bedingung, hätte dieser Entdeckungsprozess begünstigt werden können, da der Schnittpunkt der Mittelsenkrechten zweier Dreiecksseiten in der Bewegung des Punktes, der mit den beiden Seiten inzidiert, eine Spur hinterlässt, die die dritte Mittelsenkrechte darstellt (vgl. Anhang 12). Mittels dieser visuell anschaulichen Funktion könnte den Schülern eine Begründung leichter fallen, warum die dritte Mittelsenkrechte genau durch den Schnittpunkt der anderen beiden geht und gleichzeitig ein Punkt gefunden wird, der von allen drei Eckpunkten des Dreiecks den gleichen Abstand hat. Aus folgenden Gründen wurde diese mögliche Vorgehensweise in der Studie bewusst nicht eingesetzt: da keine Vorkenntnisse bezüglich des Programms vorlagen, war die Informationsfülle an neuen Techniken und Werkzeugen bereits groß. Nur auf der Grundlage erfasster Werkzeugsfunktionen, die in der Anfangsphase keinen zu großen Umfang einnehmen sollten, kann der Computer sinnvoll in den Unterricht integriert werden. Des Weiteren ist das Begreifen der Thematik „Ortslinie" wesentlich komplizierter als der des Zugmodus. Im Umgang mit Ortslinien muss ein größeres Verständnis abhängiger Objekte vorliegen, da diese bei der Benutzung des Ortslinienwerkzeuges als solche identifiziert werden müssen.

Eine weitere Kritik liegt in der nicht offensichtlich erkennbaren Besonderheit der Existenz des Umkreises eines jeden Dreiecks, welche aus der Existenz genau eines Schnittpunktes der Mittelsenkrechten resultiert. Um diese Eigentümlichkeit als solche aufzuspüren, benötigen die Schüler im Allgemeinen „kontrastierende Sachverhalte" (Hölzl, 1999: 53), welche in diesem

Fall Vierecke bilden, die keine Sehnenvierecke[15] sind. Viele Schüler entdecken erst durch diese Kontrastierung den geometrischen Zusammenhang, welcher andernfalls oftmals als unauffällig für die Lerner sein kann (vgl. Hölzl, 1999: 54f.).

Rückblickend wäre es angemessener gewesen, die zweite Aufgabenstellung zur Lage des Umkreismittelpunktes nicht in eine geschilderte Situation einzukleiden, da manche Schüler teilweise den Fokus auf die drei zu wählenden Städte legten und somit partiell den Blick auf das Wesentliche, zu Entdeckende, verloren. Sinnvoller wäre die Erforschung der Lage des Mittelpunktes im direkten Anschluss an die Ergründung der Zusammenhänge des Schnittpunktes und des Umkreises gewesen, weil die Lerner in diesem Moment bereits die Konstruktion dynamisch variierten. Die gewonnene Zeit hätte in intensivere Begründungen und den Entdeckungsprozess investiert werden können.

3.5.3. Reflexion und Legitimation

In Anbetracht der durchgeführten Analyse und der kritischen Betrachtung werden im Folgenden zu den zentralen Fragestellungen der vorliegenden Arbeit Stellung genommen und die Unterrichtsstunden reflektiert.

1. Wie stellt sich die Herangehensweise an die Aufgabenstellungen in der veränderten Lernumgebung dar?

Die verschiedenen Herangehensweisen an die Einstiegsaufgabe zeigen, dass die Schüler bei der Aufgabenbearbeitung unter Zuhilfenahme eines Geometrieprogramms mutig und engagiert sind eigene Ideen zu entwickeln, diese auszuführen, zu überprüfen und sie eventuell zu verwerfen, um neue, geeignetere zu erarbeiten. Mögliche Gründe liegen darin, dass die Umsetzung einer Idee handwerklich nicht aufwendig ist und die Lerner deswegen motiviert sind, verschiedene Ansätze auszuprobieren und über diese nachzudenken (vgl. Anhang 13). Aufgrund meiner Beobachtungen und den beschriebenen Zugängen der Schüler zu der ersten Aufgabe erweist sich, dass die Lerner experimentell an die Aufgaben herangehen und nicht auf einen von der Lehrkraft vorgegebenen Lösungsalgorithmus warten oder bestehen. Insbesondere die Polarisation der Aufmerksamkeit in der Auseinandersetzung mit dem Problem und die starke Kommunikation zwischen den Partnern zeugten von Entdeckungsdrang und selbständigem Arbeitsklima. Mit der computergestützten Erarbeitungsweise konnte insbesondere der Prozess des Aufstellens von Hypothesen in der intensiven Auseinandersetzung mit

---

[15] Sehnenvierecke sind Vierecke, die über einen Umkreis verfügen, dessen Mittelpunkt der Schnittpunkt aller Mittelsenkrechten ist. Ihr Name resultiert daraus, dass die Seiten der Vierecke gleichzeitig Sehnen des Umkreises darstellen. Die Summe der gegenüberliegenden Winkel in einem Sehnenviereck beträgt 180° (vgl. Pohlmann; Stoye, 2002: 168).

geometrischen Themen gefördert werden. Diese Anregung zum Probieren und Vermuten während des eigenständigen Arbeitens macht das entdeckende Lernen aus.

2. Inwieweit kann eine dynamische Geometrie-Software Hilfe leisten, die Fähigkeit zum Lösen geometrischer Fragestellungen zu fördern?

Dadurch, dass mit der dynamischen Geometrie-Software einfache Grundkonstruktionen schnell und sauber ausgeführt werden und die Lerner Hilfslinien ausschalten und Fehlkonstruktionen mühelos rückgängig machen können, bleiben die geometrischen Darstellungen übersichtlich, sodass ein erhöhtes Konzentrationsvermögen für das Finden und Entdecken einer Lösung zur Verfügung steht (vgl. Anhang 14). Ein bedeutungsvoller Bestandteil einer DGS stellt der Zugmodus dar, der den Schülern bei der Entdeckung geometrischer Zusammenhänge Hilfe leistet, weil die Konstruktionen beweglich gemacht werden können. Dieses Phänomen bestätigte sich insbesondere bei der zweiten Aufgabenstellung als auch bei der Entdeckung der Invarianz der Schnittpunkteigenschaft. Insgesamt konnte festgestellt werden, dass mit *GeoGebra* ein erster Schritt zur Förderung der Fähigkeit zum Lösen geometrischer Fragestellungen beschritten wurde.

3. Wie vollziehen sich die Stufen der Kreativitätsmodelle des entdeckenden Lernens?

Anhand der durchgeführten Analyse zeigt sich, dass die Handlungen der Schüler in die verschiedenen Phasen eingestuft werden können. Dennoch ist es schwierig, die Vorgänge in der entdeckenden Phase angesichts der ihr zugrundeliegenden intuitiven Idee wissenschaftlich zu untersuchen. Des Weiteren zeigt sich keine rein lineare Vorgehensweise der Schüler bezüglich der Stufen. Dieses liegt darin begründet, dass die Lerner kleinschrittig Entdeckungen erzielen. Mit dieser Aussage ist gemeint, dass sie ein Teilziel[16] entdecken, welches verbalisiert wird. Anschließend wird jedoch zwei Stufen zurückgegangen, um weitere Zusammenhänge zu diesem Teilziel experimentell zu erforschen.

4. In welchem Maß ist entdeckendes Lernen zu dem Thema „Umkreis von Dreiecken" überhaupt möglich?

Die empirische Studie hat verdeutlicht, dass sich das Thema „Umkreis von Dreiecken" mittels des Einsatzes einer DGS generell zum entdeckenden Lernen eignet. Die Hinführung auf die Mittelsenkrechten im entdeckenden Lernen erwies sich als leicht problematisch, da die große

---

[16] Als Beispiel sei an die Entdeckung erinnert, dass der Umkreismittelpunkt sowohl innerhalb als auch außerhalb des Dreiecks liegen kann.

22

Mehrheit der Lerner ohne die Thematisierung der heuristischen Strategie keine erfolgreiche Endlösung erreichen konnte. In diesem Sinne entstand hier eine kleine Einschränkung bezüglich des eigenständigen Entdeckens. Gleichermaßen wäre das entdeckende Lernen durch ein In-Beziehung-Setzen der Umkreise von Dreiecken und Vierecken sicherlich begünstigt worden (vgl. Kapitel 3.5.2.). Indessen besteht der Erfolg, der sich verzeichnen lässt, darin, dass sich die Schüler anhand der Aufgaben mit der stofflichen Thematik aktiv und weitgehend selbständig auseinandergesetzt haben. Über freies Experimentieren und über die Bildung von Hypothesen, die aus der Verwendung des Zugmodus entstanden, konnten Lösungsansätze entwickelt werden. Das Ziel des eigenständigen Entdeckens geometrischer Zusammenhänge und des Entwickelns eines mathematischen Gespürs konnte insbesondere bei der Ermittlung der Lage des Umkreismittelpunktes durch die Option des Variierens der Konstruktion erreicht werden. Aufgrund dessen besteht die Möglichkeit, entdeckendes Lernen am Thema „Umkreis von Dreiecken" weitgehend zu fördern.

Im Großen und Ganzen legte die Studie für die Schüler der Klasse 7t einen Grundstein zur Förderung des entdeckenden Lernens. Unter Berücksichtigung der kritischen Betrachtungen würde ich den Einsatz einer dynamischen Geometrie-Software bei der Behandlung des Themas erneut integrieren. Allerdings sollten dann für das Begründen der Zusammenhänge mehr Zeit zur Verfügung stehen und Phasen zur Verwendung der klassischen Konstruktionsmethoden mit bedacht werden. Nicht nur meine Beobachtungen, sondern auch die eigene Einschätzung der Schüler in den Feedbackbögen zum Vergleich des herkömmlichen Geometrieunterrichts mit dem computergestützten, zeigen eine positive Rückmeldung bezüglich der Ziele des entdeckenden Lernens (vgl. Anhang 15). Eine besonders positive Bilanz zeigt sich im Bereich des selbständigen Arbeitens, dem über die Hälfte der Schüler sogar völlig zustimmte. Das bearbeitete Thema wurde von einer großen Mehrheit eher verstanden als andere Themen im herkömmlichen Geometrieunterricht und über 70% der Lerner bestätigten, dass sie in diesen beiden Unterrichtsstunden mehr selbst entdecken konnten als sonst. Diese Aussagen untermauern die These, dass der Einsatz einer DGS das Bearbeiten geometrischer Fragestellungen unterstützt.

Vor dem Hintergrund, dass bei den Entdeckungen der Schüler der Computereinsatz einen Mehrwert gegenüber den klassischen Konstruktionsmethoden bringt, können die in dieser Weise durchgeführten Unterrichtsstunden legitimiert werden. Überdies fand ein Ansatz des eigenständigen Prozesses des Wissenserwerbes statt, welcher nach Weigand (1997: 6) im Vordergrund stehen soll. Um jedoch langfristig Kompetenzen des entdeckenden Lernens zu fördern, müssen von den Schülern regelmäßiger offenere Aufgabenstellungen bearbeitet werden, die sich zum entdeckenden Lernen eignen. Insgesamt konnten erste Schritte innerhalb der Studie in diese Richtung gesetzt werden.

3.6. Vor- und Nachteile des Einsatzes dynamischer Geometrie-Software

Der Einsatz einer Geometrie-Software bringt wie viele andere methodische Gestaltungen Vor- und Nachteile mit sich. Diese, die sich teilweise während der Studie herauskristallisiert haben, sollen im Folgenden beleuchtet werden. Darunter sollen ebenso Schwierigkeiten aufgezeigt werden, die jedoch bei Kenntnis im Vorfeld von der Lehrperson behoben werden können.

Der Hauptkritikpunkt der Vertreter des herkömmlichen Unterrichts spiegelt sich in der Gefährdung der Fähigkeit im Umgang mit Zirkel und Geodreieck wider, die bei erhöhter Anwendung der Geometrie-Software entstehen kann (vgl. Anhang 16). Aus diesem Grund dürfen die gängigen Geometriemethoden nicht vernachlässigt werden. Dieses Argument wird von vielen Autoren bestärkt, indem sie darauf hinweisen, dass der Computereinsatz nur als unterstützendes Werkzeug zum Erreichen der Inhalts- und Prozessziele dienen soll, unter der Bedingung, dass diese Methode einen Mehrwert bringt (vgl. Henn, 1994: 5). An die obige Kritik schließt sich das Problem an, dass der Schüler auf bestimmte vorgefertigte Bausteine wie die Mittelsenkrechte zugreifen kann, die in einem Schritt von dem Programm gezeichnet werden, sodass der Lerner unter Umständen nicht über die Wissensvoraussetzung zur Konstruktion der Mittelsenkrechten verfügt. Damit dieser Fall möglichst nicht eintritt, unterscheidet Henn die zwei, in Kapitel 3.2.1. beschriebenen, Handlungsebenen, bei der auf der einen die Grundkonstruktionen verstanden sein müssen, um auf der zweiten den Fokus auf geometrische Zusammenhänge legen zu können, bei denen die Grundkenntnisse als Bausteine vom Computer übernommen werden können.

Durch den Einsatz einer DGS können Schwierigkeiten auftreten, die ihre Ursache in der begrifflichen Distinktion zwischen Basisobjekten und abhängigen Objekten haben, welche zur Konstruktion mittels herkömmlicher Methoden nicht thematisiert werden muss. Bei einer nicht verstandenen Unterscheidung kann es im Zugmodus beim Entdecken geometrischer Zusammenhänge zu Problemen kommen, wenn beispielsweise der Schüler einen Schnittpunkt nicht mit der Schnittpunktoption konstruiert, sondern einen Basispunkt auf die Schnittstelle setzt (vgl. Hölzl, 1994: 74). Eine weitere Schwierigkeit, welcher ebenso durch vorherige Aufklärung der Lehrperson vorgebeugt werden kann, ist die Bindung eines Punktes an einen Kreis. Diese Problematik wurde von mir rückblickend anhand der Konstruktionsprotokolle einzelner Schüler festgestellt (vgl. Anhang 17). Bei der Konstruktion des Umkreises wurde dieser nicht direkt auf einen der Eckpunkte des Dreiecks gelegt und somit an den Kreis gebunden, sondern ein neuer Punkt wurde auf den gezeichneten Kreis gelegt. Dadurch blieb im Zugmodus keiner der drei Eckpunkte auf dem Kreis.

Neben den Nachteilen, die allerdings durch gute Vorbereitung und Planung der Unterrichtseinheiten nicht zum Tragen kommen müssen, können zahlreiche und vor allem bedeutungsvolle Vorteile für die Ziele des Geometrieunterrichts genannt werden. Durch die schnelle Visualisierungsmöglichkeit unterstützt das Geometrieprogramm das Experimentieren und Erforschen mathematischer Sachverhalte, sodass ermöglicht wird, dass die Konzentration durch das Verschieben bestimmter Objekte mittels des Zugmodus auf das Wesentliche, das selbständige Entdecken, gelegt werden kann. Die entstehenden Schwächen der induktiven Satzaneignung mittels klassischer Methoden können durch den Einsatz einer DGS eliminiert werden. Die Zeichengenauigkeit des Programms und die schnelle und unkomplizierte Erstellung einer durch die Dynamik großen Variationsreichhaltigkeit an Konstruktionsfiguren begünstigen das Entdecken geometrischer Sätze (vgl. Schumann, 1991: 24). Zudem wird dieser Entdeckungsprozess durch die in *GeoGebra* existierende parallele Ansicht der geometrischen Darstellungen und der jeweils dazugehörenden sich im Zugmodus mitverändernden algebraischen Werte gefördert.

4. Schlussbetrachtung

Versteht man Mathematik als einen Prozess und möchte man im Geometrieunterricht das entdeckende Lernen fördern, so eignet sich der Computer, insbesondere eine DGS, als unterstützendes Medium. Sein Einsatz kann in dieser Hinsicht in Kombination mit anderen Hilfen, wie heuristische Strategien, einen großen Vorteil bringen. Obwohl entdeckendes Lernen von der Lehrkraft viel Spontanität erfordert, weil das Unterrichtsgeschehen nicht konkret planbar ist, lohnt sich der Einsatz der Methode, weil die Lerner einen weitgehend selbständigen Prozess des Wissenserwerbes vollziehen, durch den sie sich die erworbenen Kenntnisse besser einprägen können.

Unter der Bedingung, dass der Computereinsatz die herkömmlichen Konstruktionsmittel nicht ersetzt, sondern sinnvoll ergänzt, können die Nachteile, die Gefährdung des Umgangs mit Zirkel und Lineal sowie das Verlernen bestimmter Standardkonstruktionen, die von der DGS als Bausteine verwendet werden, vermindert werden. Die Vorteile, welche das Experimentieren und Erforschen geometrischer Zusammenhänge mittels der Möglichkeit des Variierens geometrischer Konstruktionen darstellen, überwiegen, da sie nicht nur Inhalts-, sondern insbesondere die Prozessziele ermöglichen. Allerdings ist der Einsatz einer DGS nur dann sinnvoll, wenn er einen Mehrwert gegenüber den klassischen Methoden bringt.

Es konnte festgestellt werden, dass sich das Thema „Umkreis von Dreiecken" mittels Anwendung dynamischer Geometrie-Software zum entdeckenden Lernen generell eignet, weil die Schüler in weitgehend eigenständiger Erarbeitung geometrische Zusammenhänge erkennen konnten und über Hypothesenbildungen zu Ansätzen einer induktiven Satzfindung gelangten. Diese Entdeckungen erfolgten aufgrund der für eine DGS charakteristischen Funktion des Zugmodus, mit dem die Fähigkeit zum Lösen geometrischer Fragestellungen gefördert werden kann.

Mit dieser Bachelorarbeit konnte gezeigt werden, dass es sich lohnt, den Einsatz des Computers in den Geometrieunterricht zu integrieren, um somit das entdeckende Lernen der Schüler zu begünstigen. Damit diese Fertigkeiten weiterentwickelt und auf längere Sicht gefördert werden können, müssen solche Unterrichtsstunden, in denen die Lerner zum selbständigen und aktiven Handeln angeregt werden, regelmäßiger durchgeführt werden. Obwohl der brandenburgische Rahmenlehrplan eine Anwendung einer DGS vorsieht, ist die Umsetzung eher selten. Deshalb ist es wünschenswert, dass sowohl Lehrer als auch angehende Lehrkräfte in dieser Hinsicht geschult und weitergebildet werden, um für derartige Unterrichtsmethoden sensibilisiert zu werden, sodass die Schüler davon im Mathematikunterricht profitieren können.

Bibliographie

Bruder, R. (1992): *Problemlösen lernen – aber wie?*. In: Mathematik lehren, Jg. 1992, Heft 52, S.6-12.

Brüning, A.; Lippa, M.; Weiss, R. (2008): *Lernen mit einer digitalen Lernumgebung.* In: Der Mathematikunterricht, Jg. 54, Heft 6, S. 19-26.

Büchter, A.; Leuders, T. (2005): *Mathematikaufgaben selbst entwickeln. Lernen fördern – Leistung überprüfen.* Berlin: Cornelsen Scriptor.

Freudenthal, H. (1973): *Mathematik als pädagogische Aufgabe.* Band 1. Stuttgart: Klett.

Henn, H.-W. (1994): *Computereinsatz im Geometrieunterricht.* In: Der Mathematikunterricht, Jg. 40, Heft 1, S. 5-12.

Holland, G. (1988): *Geometrie in der Sekundarstufe.* Mannheim [u.a.]: BI-Wissenschaftsverlag.

Hölzl, R. (1994): *Im Zugmodus der Cabri-Geometrie. Interaktionsstudien und Analysen zum Mathematiklernen mit dem Computer.* Weinheim: Deutscher Studien Verlag.

Hölzl, R. (1997): *Dynamische Geometrie – softwaretechnologische Entwicklungen, didaktische Diskussion und unterrichtspraktische Erfahrungen.* In: Hischer, H. (Hrsg.): *Computer und Geometrie. Neue Chancen für den Geometrieunterricht?; Bericht über die 14. Arbeitstagung des Arbeitskreises „Mathematikunterricht und Informatik" in der Gesellschaft für Didaktik der Mathematik e.V. vom 20. bis 23. September 1996 in Wolfenbüttel.* Hildesheim: Franzbecker, S. 34-39.

Hölzl, R. (1999): *Aspekte des heuristischen Einsatzes Dynamischer Geometriesoftware.* In: Der Mathematikunterricht, Jg. 45, Heft 1, S. 52-60.

Leifels, S. (2004): *Entdeckendes Lernen durch elektronische Arbeitsblätter und anwendungsorientierte Aufgaben im Geometrieunterricht der Klasse 7. Schriftliche Hausarbeit im Rahmen der Zweiten Staatsprüfung für das Lehramt der Sekundarstufe II/I im Fach Mathematik.* Wuppertal.

Leuders, T. (2003): *Problemlösen.* In: Leuders, T. (Hrsg.): *Mathematik-Didaktik.Praxishandbuch für die Sekundarstufe I und II.* Berlin: Cornelson-Scriptor, S. 119-135.

Ludwig, M.; Weigand, H.-G. (2009): *Konstruieren. Grund- und Standardkonstruktionen.* In: Weigand, H.-G. (Hrsg.): *Didaktik der Geometrie für die Sekundarstufe I.* Heidelberg: Spektrum, Akademischer Verlag, S. 68-70.

Monnerjahn, R. (1998): *Der Computer im Geometrieunterricht der Klasse 7 – erste Schritte.* In: Hischer, H. (Hrsg): *Geometrie und Computer. Suchen, Entdecken und Anwenden; Bericht über die 15. Arbeitstagung des Arbeitskreises „Mathematikunterricht und Informatik" in der Gesellschaft für Didaktik der Mathematik e.V. vom 24. bis 27. September 1997 in Wolfenbüttel.* Hildesheim: Franzbecker, S. 49-53.

Niederdrenk-Felgner, C. (1998): *Mädchen und Computer. Modelle für eine mädchengerechte-re Unterrichtsgestaltung; entdeckendes Lernen und Problemlösen im Mathematikunterricht; Studienbrief.* Tübingen: Deutsches Institut für Fernstudienforschung an der Universität Tübingen.

Pohlmann, D.; Stoye, W. (2002): *Mathematik plus. Gymnasium Klasse 7. Brandenburg.* Berlin: Volk und Wissen.

Rahmenlehrplan für die Sekundarstufe I. Jahrgangsstufen 7-10. Mathematik. Ministerium für Bildung, Jugend und Sport. Land Brandenburg.

Schumann, H. (1989): *Satzfindung durch kontinuierliches Variieren geometrischer Konfigurationen mit dem Computer als interaktivem Werkzeug.* In: Der Mathematikunterricht, Jg. 35, Heft 4, S. 22-36.

Schumann, H. (1991): *Schulgeometrisches Konstruieren mit dem Computer. Beiträge zur Didaktik des interaktiven Konstruierens.* Stuttgart: Metzner; Teubner.

Sträßer, R. (2001): *Chancen und Probleme des Zugmodus.* In: Elschenbroich, H.-J.; Gawlick, T.; Henn, H.-W. (Hrsg.): *Zeichnung – Figur – Zugfigur. Mathematische und didaktische Aspekte Dynamischer Geometrie-Software; Ergebnisse eines RiP-Workshops vom 12.-16. Dezember 2000 im Mathematischen Forschungsinstitut Oberwolfach.* Hildesheim: Franzbecker, S. 183-194.

Ulm, V. (2004): *Besondere Linien im Dreieck.* In: Baptist, P. (Hrsg.): *Lernen und Lehrern mit dynamischen Arbeitsblättern. Mathematik Klasse 7/8. Das Handbuch zur CD-Rom.* Velber: Friedrich Verlag, S. 11-21.

Weigand, H.-G. (1997): *Computer – Chance und Herausforderung für den Geometrieunterricht.* In: Mathematik lehren, Jg. 1997, Heft 82, S. 4-8.

Weth, T. (1997): *Kreatives Lernen im Geometrieunterricht.* In: Hischer, H. (Hrsg.): *Computer und Geometrie. Neue Chancen für den Geometrieunterricht?; Bericht über die 14. Arbeitstagung des Arbeitskreises „Mathematikunterricht und Informatik" in der Gesellschaft für Didaktik der Mathematik e.V. vom 20. bis 23. September 1996 in Wolfenbüttel.* Hildesheim: Franzbecker, S. 79-87.

Wilde, G. (1984): *Aspekte entdeckenden Lernens aus allgemeindidaktischer Sicht.* In: Wilde, G. (Hrsg.): *Entdeckendes Lernen im Unterricht.* Oldenburg: Universität, Zentrum für pädagogische Berufspraxis, S. 7-31.

Winter, H. (1991): *Entdeckendes Lernen im Mathematikunterricht. Einblicke in die Ideengeschichte und ihre Bedeutung für die Pädagogik.* Braunschweig [u.a.]: Vierweg.

Internetquellen

http://www.geogebra.org/help/geogebra_flyer_de.pdf (letzter Zugriff: 05.02.2010)

http://www.hyperlernen.de/gui/KonstLT/seite133.html (letzter Zugriff: 01.02.2010)

Anhang

Anhang 1

Fragebogen zur Einschätzung der Vorkenntnisse

1. Wie groß ist die Winkelsumme in einem Dreieck?

2. Ordne den unten stehenden Begriffen jeweils eine der Dreiecksformen zu. Du kannst zur Hilfe die Seiten oder Winkel messen. Erkläre anschließend die besonderen Eigenschaften der verschiedenen Dreiecke.

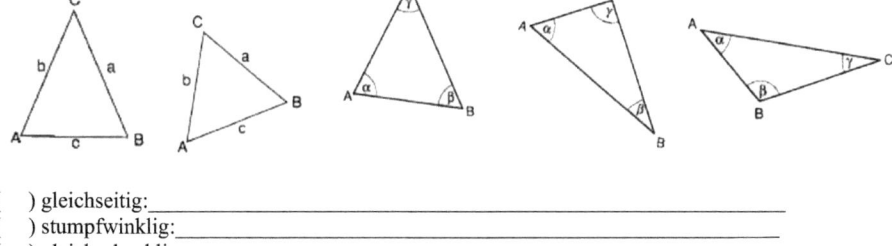

   (   ) gleichseitig:_____
   (   ) stumpfwinklig:_____
   (   ) gleichschenklig:_____
   (   ) rechtwinklig:_____
   (   ) spitzwinklig:_____

3. Wie werden Koordinaten für Punkte angegeben? Wie geht man vor? Gib die Koordinaten für die Punkte A, B, C des abgebildeten Dreiecks an.

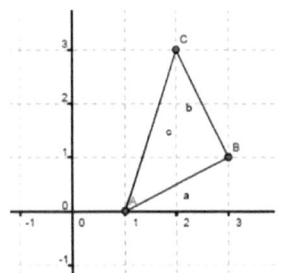

4. Gegeben ist ein Kreis mit dem Mittelpunkt M und dem Radius r = 4,5cm. Gibt es einen Punkt C, der von M genau 4,5cm entfernt ist und nicht auf dem Kreis liegt? Wenn ja, wo liegt er? Wenn nein, warum nicht?

5. Finde für die unten stehende Zeichnung einen Punkt, der von allen 3 Punkten A, B, C gleich weit entfernt ist. Beschreibe, wie du dabei vorgehst.

Meine Erklärung:

_____

_____

_____

_____

_____

Tipp: Falls du bei der Aufgabe Probleme hast, dann finde erst einen oder mehrere
Punkte, die den gleichen Abstand von A und B haben.

6. Gegeben ist der Winkel α mit dem Scheitel A. Konstruiere die Winkelhalbierende w von
α. Beschreibe, wie du dabei vorgehst.

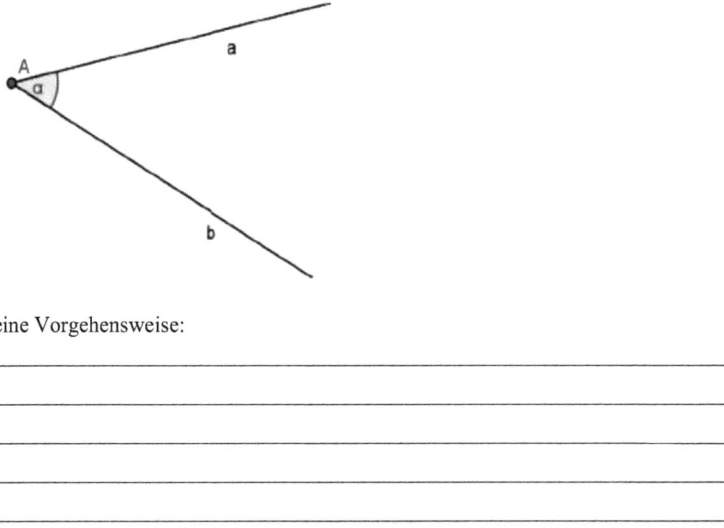

Meine Vorgehensweise:

_____

_____

_____

_____

_____

_____

_____

Einführung GeoGebra

- ⬧ zum Verschieben/Bewegen einzelner gezeichneter Objekte

- ⬦ Verschiebe Zeichenblatt

- •ᴬ *neuer Punkt*: einfach ins Zeichenfeld klicken

- ✓ *Strecke zwischen zwei Punkten*: einen Punkt im Zeichenfenster setzen, dann den zweiten Punkt setzen → automatische Verbindung

- ✗ *Gerade zwischen zwei Punkten*: siehe Strecke

- ⊥ *Senkrechte Gerade*: markiere die Gerade, zu der eine Senkrechte konstruiert werden soll, setze einen Punkt, durch die die Senkrechte gehen soll

- ✗ *Mittelsenkrechte*: klicke die Strecke an, zu der eine Mittelsenkrecht konstruiert werden soll

- ⊙ *Kreis mit Mittelpunkt durch Punkt:* setze im Zeichenfenster den Mittelpunkt des Kreises und ziehe mit der Maus → es entsteht ein Kreis; setze einen weiteren Punkt auf die Kreislinie und der Kreis bleibt fest

- ∢ *Winkel:* markiere zwei Strecken, zwischen denen der Winkel berechnet werden soll; **Achtung!** Um den Innenwinkel zu berechnen, musst du die Strecken im Uhrzeigersinn anklicken.

- ✗ *Schneide zwei Objekte:* um einen Schnittpunkt zu erhalten, klicke zwei verschiedene Objekte an, die sich schneiden

Aufgaben zum Üben:

1. Zeichne eine beliebige Strecke $\overline{AB}$ und zeichne anschließend zu dieser eine Senkrechte. Ziehe dann an einzelnen Punkten oder Strecken und beobachte, was passiert.

2. Zeichne zwei unterschiedlich große Kreise, deren beider Mittelpunkt bei A (5 | 5) liegt. Dann zeichne einen weiteren Punkt, der außerhalb von beiden Kreisen liegt und verbinde diesen mit dem Mittelpunkt.

   Berechne anschließend die entstandenen Schnittpunkte mit Hilfe des Symbols ✗ .

3. Zeichne ein beliebiges Dreieck. Berechne mit Hilfe des Programms die Winkel α, β und γ. Bewege die Eckpunkte so, dass du verschiedene Arten von Dreiecken erhälst.

32

Anhang 3

Name: Julia Engelhardt
Datum: 22.01.2010
Stundenthema: Umkreis von Dreiecken mit *GeoGebra*

Zeit	Phase	Schüleraktivität	Lehrerverhalten	Kommentar
2'	Begrüßung/Organisatorisches	Programm öffnen	Austeilen der Einstiegsaufgabe	
14'	Entdeckungsphase: Einstiegsaufgabe zum Schnittpunkt der Mittelsenkrechten	vorlesen bearbeiten 1.1 und 1.2 durch Probieren Aufschreiben d. Vorgehensweise	Fragen klären gibt ggf. Hilfestellung Anmerkung: Speichern der Dateien	Aufgabe zum Probieren, Experimentieren und Entdecken PC
7'	Kurze Sicherungsphase	Schüler erläutern vorne ihre Vorgehensweise/Ergebnisse		Beamer
10'	Tipp zur heuristischen Strategie „Weglassen e. Bedingung" Hinführung/Erinnerung: Mittelsenkrechte (MS) einer Strecke	denken mit, antworten schreiben Merksatz ab	„Welche Punkte haben von der Strecke $\overline{AB}$ den gleichen Abstand zu A und B?" Zeichnung der Mittelsenkrechten Anschreiben eines Merksatzes	Tafelnutzung
8'	Bearbeitung von 1.2 mit Wissen über MS	lösen Problem am PC speichern die Dateien	steht für Fragen zur Verfügung	PC
5'	Sicherungsphase: Vorstellung (eines Paares) oder zusammen	vorstellen, beobachten, korrigieren, diskutieren	tritt mit Schülern ins Gespräch über Lösung	Beamer
3'	Hinführung auf Umkreis	denken mit, diskutieren	„Der Schnittpunkt der MS hat den gleichen Abstand zu allen 3 Eckpunkten. Welcher Punkt einer geometrischen Figur hat ebenfalls den gleichen Abstand zu anderen Punkten?"	
7'	Entdeckungsphase	Zeichnen Umkreis, benutzen des Zugmodus und schreiben ihre Ent-	Steht für Fragen zur Verfügung	PC

		deckungen auf		
5'	Merksatz zum Umkreis	abschreiben	Merksatz anschreiben Fragen dazu klären	Tafel
20'	Festigungsphase/ Entdeckungsphase: Bearbeitung der Aufg. 2 dient zur Entdeckung der Lage des Umkreismittelpunktes (UM)	2.1 wenden neues Wissen an; Festigung 2.2 Entdecken Lage des UM mithilfe des Zugmodus; Aufschreiben ihrer Beobachtungen und Ergebnisse in Form von Merksätzen	unterstützt bei Problemen Anmerkung: Speichern jedes Ergebnisses	PC falls Zeitdruck: Übernehmen der 3 Städte aus Aufgabe 1
7'	Ergebnissicherung	tragen Ergebnisse am vom Lehrenden vorbereitetes Dreieck durch Verschieben vor; erläutern Ergebnis		Beamer
2'	Schlussphase		Zusammenfassung, Verabschiedung	

Merksatz: Mittelsenkrechte

Auf der Mittelsenkrechten einer Strecke $\overline{AB}$ liegen alle Punkte, die von den Punkten A und B den gleichen Abstand haben. Die Mittelsenkrechte halbiert die Strecke $\overline{AB}$.

Merksatz: Umkreis vom Dreieck

Die drei Mittelsenkrechten eines Dreiecks schneiden sich in einem Punkt M. Dieser Punkt M hat zu allen 3 Eckpunkten des Dreiecks den gleichen Abstand.
Er ist gleichzeitig der Mittelpunkt eines Kreises, auf dem alle Eckpunkte des Dreiecks liegen.
Man nennt diesen Kreis deshalb den Umkreis des Dreiecks ABC.

Anhang 4

Einstiegsaufgabe:

---

1. Ein neuer Handysendemast soll so zwischen den Städten Ratingen, Wülfrath und Haan aufgestellt werden, dass der Sendemast von den 3 Städten dieselbe Entfernung hat. Die Bürger der Stadt Mettmann versuchen dieses Vorhaben zu verhindern, da sie befürchten, dass der Sendemast direkt in ihrer Innenstadt aufgestellt wird. Sind diese Befürchtungen berechtigt?[17]

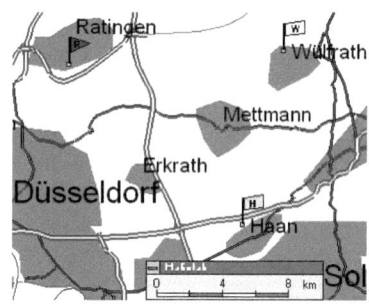

1.1 Zeichne die 3 Städte, die mit Straßen verbunden sind, in das Koordinatensystem ein.

Ratingen: A = (1 | 5)
Haan: B = (7 | 4)
Wülfrath: C = (5 | 0)

1.2 Finde den Punkt, der zu allen 3 Städten den gleichen Abstand hat. Wie gehst du dabei vor? <u>Schreibe</u> deine Vorgehensweise auf ein separates Blatt.
Wird der Handysendemast genau in der Innenstadt von Mettmann bei D = (5 | 3) aufgestellt werden?

Anmerkung:
Durch das Vertauschen der Koordinaten der Punkte B und C in der Vorbereitung stimmt die Benennung der Eckpunkte des Dreiecks nicht mit dem mathematisch korrekten Sinn überein.

---

[17] Quelle: Leifels, 2004: 45

2. Drei Freunde wohnen in verschiedenen Städten und wollen sich an einem Ort treffen, sodass jeder von ihnen die gleich weite Strecke mit dem Auto zurücklegen muss.

2.1. Konstruiere mit *GeoGebra* den Treffpunkt deiner drei gewählten Städte. Wo liegt der Treffpunkt?

2.2. Verallgemeinere die Situation! Wo können solche Treffpunkte allgemein liegen? Verändere dazu die Lage der Städte und beobachte, was mit dem Treffpunkt passiert! Schreibe deine Beobachtungen auf! Versuche dir Merksätze zu verschiedenen Fällen aufzuschreiben!

(Als Hilfe für die verschiedenen entstehenden Dreiecke kannst du dir die Innenwinkel einzeichnen lassen.)

2.3. Gibt es Situationen, in denen du den 3 Freunden empfehlen würdest, sich nicht an einem Ort zu treffen, der für alle genau gleich weit entfernt ist? Denke beispielsweise an die Benzinkosten!

Anhang 6

Feedbackbogen zum Einsatz des Computers im Mathematikunterricht

Liebe Schülerin /lieber Schüler!
Du hast in den letzten Unterrichtsstunden mit dem Geometrieprogramm *GeoGebra* das Thema „Umkreis von Dreiecken" bearbeitet. Mit den hier gestellten Fragen sollen deine eigenen Erfahrungen widergespiegelt werden. Kreuze an oder fülle Entsprechendes aus.

1. In der 1. Stunde hast du das Geometrieprogramm *GeoGebra* kennengelernt. Wie hast du den ersten Umgang mit den Werkzeugen von *GeoGebra* empfunden?

   sehr einfach ☐   einfach ☐   mittelmäßig ☐   schwer ☐   sehr schwer ☐

2. Haben dir die Aufgaben der 1. Stunde geholfen, dich mit dem Programm vertraut zu machen?

   ja, sehr ☐   ja ☐   weniger ☐   nein, gar nicht ☐

3. Traten bei dir allgemein Probleme mit dem Computerprogramm auf?

   nein ☐   ja ☐ und zwar folgende: _____

   _____

4. Hattest du Probleme bei den Aufgabenstellungen?

   nein ☐   ja ☐ und zwar folgende: _____

5. Vergleiche den „normalen" Geometrieunterricht mit Zirkel und Geodreieck mit dem heutigen Unterricht am Computer. Was trifft für dich eher zu?

Trifft.... Heute ...... als sonst.	völlig zu	eher zu	eher nicht zu	überhaupt nicht zu
... konnte ich selbständiger arbeiten und mehr ausprobieren	☐	☐	☐	☐
... konnte ich mehr selbst entdecken	☐	☐	☐	☐
... war ich unmotivierter	☐	☐	☐	☐
... war ich dank des PCs kreativer und hatte bessere Ideen	☐	☐	☐	☐
... habe ich mehr vom Thema verstanden	☐	☐	☐	☐

37

| ... konnte ich besser in meinem Tempo arbeiten | ☐ | ☐ | ☐ | ☐ |
| ... habe ich mir weniger zugetraut | ☐ | ☐ | ☐ | ☐ |

6. Hättest du dir mehr Hilfestellung des Lehrers gewünscht?

     nein ☐   ja ☐ und zwar bei: _____

_____

7. Welche Vorteile siehst du, *GeoGebra* im Geometrieunterricht zu benutzen?

_____

_____

_____

_____

_____

8. Welche Nachteile siehst du, *GeoGebra* im Geometrieunterricht zu benutzen?

_____

_____

_____

_____

_____

9. Sollten Programme wie *Geogebra* öfter im Unterricht eingesetzt werden?

     ja ☐   nein ☐

     weil:_____

_____

10. Sonstige Anmerkungen, die dir noch wichtig sind:

_____

_____

_____

_____

_____

Anhang 7

1.2

Man zieht von Punkt A bis zur Hälfte der Geraden
b eine Strecke. Und von dem Punkt B in r
die Mitte der Geraden c. Und von dem
Punkt C bis zur Mitte der Strecke a. Wenn
man damit fertig ist haben sich in der
genauen Mitte alle Strecken gekreuzt.

Anmerkung:
1. Um die qualitativ unzureichende Erklärung der Schüler zu verstehen, bedarf es einer Klärung des Programms: verbindet man drei zuvor konstruierte Basispunkte mit der Streckenoption, kann unter Umständen die Benennung der Strecken der gegenüberliegenden Punkte mathematisch falsch werden. Die Strecke, die als erstes konstruiert wird, wird automatisch mit „a" bezeichnet.

2. Mit dem Durchstreichen der Formulierungen haben die Schüler kenntlich gemacht, dass ihr Lösungsansatz falsch war.

Anhang 8

Wenn man einen Punkt des Dreieckes mit der Maus bewegt, dann geht der Mittelpunkt immer mit. Es gibt immer einen Schnittpunkt.

Anhang 9

2.2 = Der Punkt kann innerhalb & außerhalb des Dreiecks liegen.

Anhang 10

Wenn das Dreieck stumpfwinklig ist liegt der Mittelpunkt ausserhalb des Dreiecks.
Wenn das Dreieck spitzwinklig ist liegt der Mittelpunkt innerhalb des Dreiecks.
Wenn das Dreieck rechtwinklig ist liegt der Mittelpunkt auf einer Geraden

Anhang 11

Nach zu vielen Stunden wird es langweilig

Anhang 12

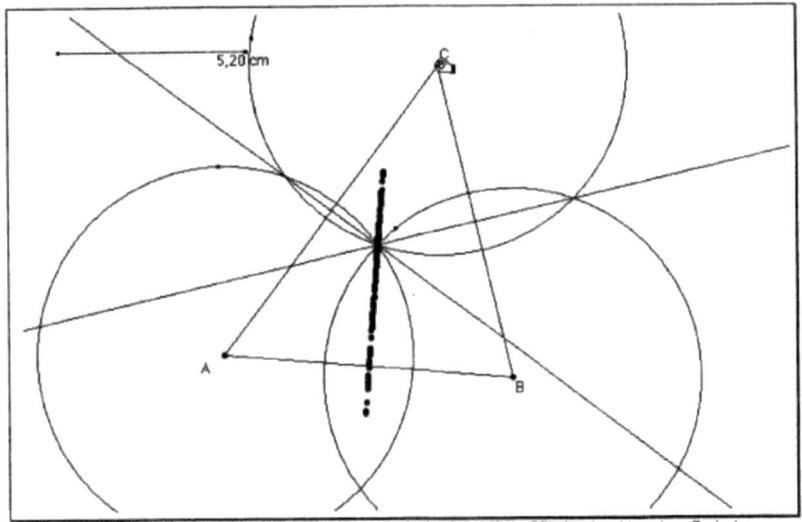

Abb. 4: Mittelsenkrechte als Spur des Schnittpunkts der beiden anderen Mittelsenkrechten eines Dreiecks

Quelle: Monnerjahn, 1998: 52

Anhang 13

Man kann mehr ausprobieren & es ist alles viel genauer.

Es ist einfacher zu bedienen und es dauert nicht so lange. Außerdem muss man dann nicht mehr so ewig lang irgendwelche Winkel oder strecken messen.

weil: Kinder mehr ausprobieren können

Anhang 14

man kann es unsichtbar machen und man
muss es nicht wegradieren um dann wieder
alles hinzumalen.

Man kann das falsche gleich wieder
wegmachen und im Heft ist das doof, weil
man die anderen Linien sieht und im PC
noch alles verschieben

Anhang 15

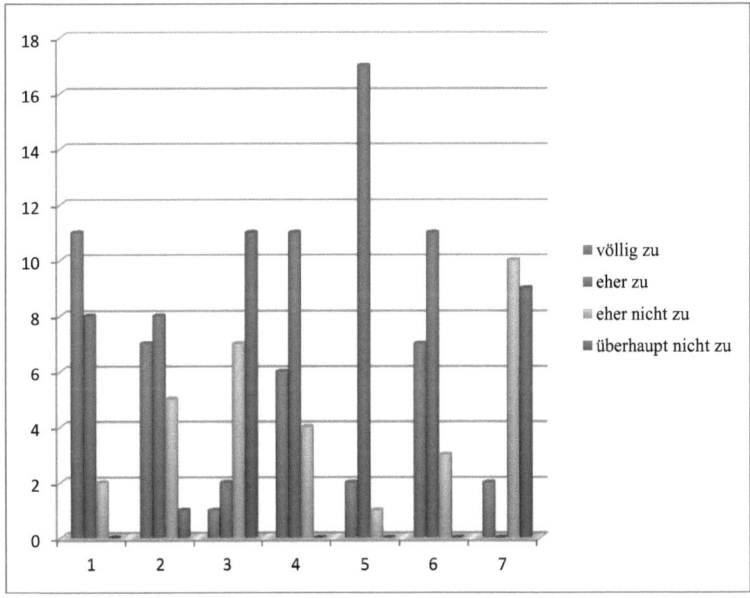

Legende:
1. Heute konnte ich selbstständiger arbeiten und mehr ausprobieren als sonst.
2. Heute konnte ich mehr selbst entdecken als sonst.
3. Heute war ich unmotivierter als sonst.
4. Heute war ich dank des PCs kreativer und hatte bessere Ideen als sonst.
5. Heute habe ich mehr vom Thema verstanden als sonst.
6. Heute konnte ich besser in meinem Tempo arbeiten als sonst.
7. Heute habe ich mir weniger zugetraut als sonst.

Anhang 16

Man lernt nicht wirklich mit dem Zirkel oder
sonstiges zu zeichnen.

Anhang 17

🔧 Konstruktionsprotokoll			[X]

Datei   Ansicht   Hilfe

Nr.	Name	Definition	Algebra
1	Punkt A		A = (5.85, 5.22)
2	Punkt B		B = (1, 3)
3	Punkt C		C = (11, 1)
4	Strecke a	Strecke[B, A]	a = 5.34
5	Strecke b	Strecke[A, C]	b = 6.66
6	Strecke c	Strecke[C, B]	c = 10.2
7	Gerade d	Mittelsenkrechte von a	d: -4.85x - 2.22y = -25.76
8	Gerade e	Mittelsenkrechte von b	e: -5.15x + 4.22y = -30.24
9	Gerade f	Mittelsenkrechte von c	f: 10x - 2y = 56
10	Punkt D	Schnittpunkt von e, f	D = (5.51, -0.45)
11	Punkt E		E = (2, 4)
12	Kreis g	Kreis mit Mittelpunkt D durch E	g: $(x - 5.51)^2 + (y + 0.45)^2 = 32.09$

[◄◄]   [◄◄]   12 / 12   [►►]   [►►◄]

Anmerkung:

Nr. 11 des Konstruktionsprotokolls zeigt an, dass von dieser Schülergruppe „Punkt E" als ein neuer Basispunkt gesetzt wurde, um den Kreis zu festigen. In Nr. 12 wird dieses dadurch deutlich, dass der Kreis durch den Punkt E geht. Würde an dieser Stelle einer der Punkte A, B oder C stehen, wäre der Umkreis an das Dreieck gebunden gewesen.